大美黄山自然生态名片丛书

# The Spectacular Geology in Huangshan

# 鬼斧神工的黄山地质

徐利强　谢建成　周涛发　编著

## 大美黄山自然生态名片丛书编委会

（以姓氏笔画为序）

主　　编：汤书昆　吴文达

执行主编：杨多文　黄力群

编　　委：丁凌云　万安伦　王　素　尹华宝　叶要清　田　红

李向荣　李录久　李树英　李晓明　杨新虎　吴学军

何建农　汪　钧　宋生钰　林清贤　郑　可　郑　念

袁岚峰　夏尚光　倪宏忠　徐　海　徐光来　徐利强

郭　珂　黄　寰　蒋佃水　戴海平

北京时代华文书局

图书在版编目(CIP)数据

鬼斧神工的黄山地质 / 徐利强，谢建成，周涛发编著. — 北京：北京时代华文书局，2021.12
ISBN 978-7-5699-4461-7

Ⅰ. ①鬼… Ⅱ. ①徐…②谢…③周… Ⅲ. ①黄山—区域地质—介绍
Ⅳ. ①P562.54

中国版本图书馆 CIP 数据核字(2021)第 248671 号

# 鬼斧神工的黄山地质
GUIFUSHENGONG DE HUANGSHAN DIZHI

编 著 者｜徐利强　谢建成　周涛发

出 版 人｜陈　涛
选题策划｜黄力群
责任编辑｜周海燕
特约编辑｜乔友福
责任校对｜凤宝莲
装帧设计｜精艺飞凡
责任印刷｜訾　敬

出版发行｜北京时代华文书局 http://www.bjsdsj.com.cn
　　　　　北京市东城区安定门外大街 138 号皇城国际大厦 A 座 8 楼
　　　　　邮编：100011　电话：010－64267955　64267677
印　　刷｜湖北恒泰印务有限公司，027－81800939
　　　　　（如发现印装质量问题，请与印刷厂联系调换）
开　　本｜710mm×1000mm　1/16　　印　张｜8　　字　数｜140 千字
版　　次｜2022 年 5 月第 1 版　　印　次｜2022 年 5 月第 1 次印刷
书　　号｜ISBN 978-7-5699-4461-7
定　　价｜48.00 元

# 前　言

　　2013年，全球环境基金（GEF）、联合国粮农组织（FAO）和黄山风景区管理委员会（HSAC）共同启动了"黄山地区生物多样性保护和可持续利用"的项目。此后的几年里，该项目取得了相当丰硕的学术调查成果。黄山风景区管理委员会以独特的眼光，敏锐地觉察到了这些调查成果的科普价值，委托安徽省科普作家协会、中国科普作家协会科普教育专业委员会组织撰写《大美黄山自然生态名片丛书》。本书为该丛书的地质分册，主要从地球科学的角度来理解黄山的美。

　　作为地质工作者，笔者欣赏过国内外的一些风景，踏过纷飞的黄沙，攀过冷峻的雪山，也看过远洋的落日余晖。工作之余，深感作为地质工作者的幸运，正是地质工作让我们有机会欣赏到普通人无缘看到的美景。笔者与黄山的缘分结于多年之前，由于工作需要，我们每年都要带领地球科学类专业的大学生到黄山去开展地质实习，因此几乎踏遍了黄山的每一个角落。笔者依稀记得第一次攀登黄山时的复杂心情——开心、激动、期待……平心而论，并未体会到世人所说的那种美艳绝伦。神奇的是，随着时间的推移和攀登次数的增加，笔者愈加感觉到黄山如一壶陈酒，时间愈久，味道越浓，我们深深折服于黄山的伟岸与秀丽。

　　本书从地质角度来洞见黄山之美。黄山以雄奇瑰丽的花岗岩自然景观为主，是世界地质公园，同时又是世界自然遗产和世界文化遗产。景区内千峰竞秀、万壑云封、巧石罗列，各种地质现象异常丰富。历经亿年沧桑的黄山，是地质观察的天然实验室。在结构上，本书分为三章：第一章为黄山的前世与今生，介绍黄山概况及其地质背景，穿插介绍一些有关黄山地理、地质公园、塑造黄山地貌作用力等方面的知识，从时间和空间的角度来认识黄山的形成和演化；第二章为大自然的神奇造化，从宏观方面来认识黄山地貌，包括奇峰、怪石、古冰川等，同时简要介绍黄山的地质灾害情况，旨在阐述人与自然的和谐共生，追求天人合一的境界；第三章为黄山的物质组成，从微观方面介绍黄山矿物、岩石和化石，让读者了解地球物质组成方面的知识。

合肥工业大学资源与环境工程学院资源科学与工程系的同人们长期从事安徽省境内的地质研究工作，取得了一些优秀的成果。在撰写本书时，我们借鉴了前人的一些成果和资料，书稿的完成离不开一代又一代合工大人在皖南地区数十年如一日的耕耘。

本书从下笔到完成，耗时将近十个月。虽在疫情期间，承蒙安徽省科普作家协会组稿，并不定期举办了多次网络编写会和线下统稿会，前前后后数易其稿，本书才得以完成。黄山风景区管委会提供了书稿中的部分图片，在此一并表示感谢。鉴于作者水平有限，不足之处在所难免，欢迎读者批评指正，以便再版时修正。

# 目　录

# 第一章　黄山的前世与今生

　　黄山以奇伟俏丽、灵秀多姿著称于世，它是一个资源丰富、生态完整、具有重要科学和生态环境价值的国家级风景名胜区，属世界文化遗产与世界自然遗产，被列入《世界遗产名录》。黄山是中国名山之代表，素有"天下第一奇山"之称。本章从地球演化的角度谈谈黄山的前世与今生。

# 第一节　黄山地理

黄山 2004 年入选第一批世界地质公园名录，成为当时中国入选的八个世界地质公园之一，也是安徽省境内唯一入选的名山。

## 一、黄山一瞥

黄山位于我国安徽省南部的黄山市境内。黄山市古称徽州，1987 年，原徽州地区因境内辖黄山风景区，改名为黄山市。黄山是世界地质公园，也是世界文化遗产与世界自然遗产，还是世界生物圈保护区。黄山是国家 AAAAA 级旅游景区，被誉为"人间仙境""天下奇山"，成为中国一张闪亮的名片，在中国家喻户晓，名声响遍

地质公园　地质公园是具有特殊地质现象和意义，兼具一定自然景观和人文特色的地质遗迹。地质公园的设立初衷是保护地质遗迹、普及地学知识，除具有较高的科学价值外，地质公园也具有相当高的美学意义。按照影响力和重要性，地质公园可划分为世界地质公园、国家地质公园和省（市）级地质公园等若干类型，其中级别最高的当属世界地质公园。世界地质公园由联合国教科文组织遴选产生。我国是世界地质公园的创始国，也是世界地质公园数量最多的国家。目前，我国共获批世界地质公园41个，约占世界地质公园总数的四分之一。

海内外。明代地理学家徐霞客曾在其游记中给予黄山极高的评价——"薄海内外无如徽之黄山，登黄山天下无山，观止矣！"此后，这句话被后人总结为"五岳归来不看山，黄山归来不看岳"。

排云亭晚霞（汪钧 摄）

20世纪后半叶，多位党和国家领导人曾登上黄山。1979年，邓小平同志徒步登上黄山，他以敏锐的眼光和视角意识到黄山的独特，做出重要批示："要把黄山的牌子打出去！"2001年，时任中共中央总书记的江泽民同志亲临黄山视察，明确指出黄山是块宝地，是祖国大好河山中的瑰宝。可以说，黄山的发展离不开党和国家的重视。

黄山地处皖南山区，处于亚热带季风气候区内。由于山高谷深，气温垂直变化大，故而形成了独特的山区季风气候。黄山南北长约40千米，东西宽约30千米，总面积约1200平方千米。其中，黄山风景区面积160.6平方千米，地跨东经118°01′～118°17′，北纬30°01′～30°18′，东起黄狮，西至小岭脚，

黄山一角

北始二龙桥，南达汤口镇，分为温泉、云谷、玉屏、北海、松谷、钓桥、浮溪、洋湖、福固九个管理区。缓冲区面积490.9平方千米，以与景区相邻的五镇一场（汤口镇、谭家桥镇、三口镇、耿城镇、焦村镇和洋湖林场）的行政边界为界。黄山地区交通便利，区内建有黄山屯溪国际机场，徽杭、合铜、绩黄等多条四通八达的高速公路，同时有高铁站黄山北站，便利的交通为海内外的游客提供了游览方便。

黄山古称黟山，因岩石山峰发黑、遥望苍黛而得名。唐太宗自称李耳（道教创始人老子）后人。相传轩辕黄帝曾在黟山得道成仙，唐玄宗于天宝六年（747）据此将黟山改为黄山。受此影响，一千多年来，道教文化已渗透到黄山的各个角落，黄山的多个山峰和景点名称（如轩辕峰、炼丹峰、晒药台等）都与道教有关。

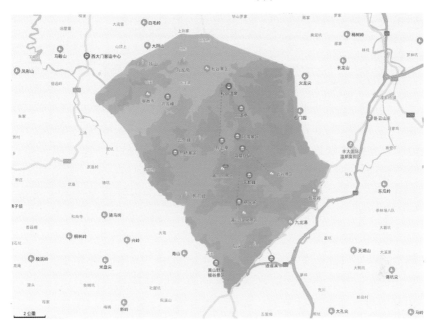

黄山风景区地理位置图（图中绿色区域为核心区）

## 二、黄山世界地质公园

1872 年，美国以立法的形式建立了世界上第一个国家地质公园——黄石国家公园。

世界上第一个真正意义上的地质公园——黄石国家公园一景

1990 年，黄山被联合国教科文组织列入世界文化遗产。2001 年，联合国教科文组织启动了地质公园计划。三年后的 2004 年，联合国教科文组织批准了首批 25 个世界地质公园，其中 17 个位于欧洲，8 个位于中国，黄山位列其中。目前，联合国教科文组织世界地质公园计划有 44 个会员国，我国是创始成员国之一，全球现共批准建成世界地质公园 161 个，我国占 41 个，数量排名全球第一。我国拥有世界地质公园数量最多的省份为河南，拥有 4 个世界地质公园。安徽省境内拥有世界地质公园 3 个，除黄山世界地质公园以外，另外两个分别是天柱山世界地质公园和九华山世界地质公园。黄山是 2004 年世界上第一批入选世界地质公园的自然景观之一，当时我国共有 8 个地质遗迹入选，第二批（2005）入选数量为 4 个，第三批（2006）6 个，此后我国每年仅有少量新的地质景观入选。

作为世界地质公园的黄山，集数亿年地质史于一身，融花岗岩地貌、冰川遗迹于一体，兼有高山、流水等丰富而典型的地质景观。黄山风景区内有 88 座山峰的海拔高度超过千米，其中"莲花峰""光明顶""天都峰"三大主峰海拔均逾 1800 米，是中国东部极具代表性的花岗岩山峰地貌。受地质构造的影响，其前山山体节理（岩石裂缝）稀疏，在球状风化的作用下，山体浑厚壮观；相比之下，后山岩体垂直节理稠密，多陡崖，山体峻峭，形成了"前山雄伟、后山秀丽"的典型地貌特征。虽然黄山被列为世界"地质"公园，但其并不单以"地质"现象著称。黄山集各种自然景观于一身，素以奇松、怪石、云海、温泉、冬雪"五绝"著称于世。

黄山地质博物馆

普及地学知识是地质公园的历史使命，为更好承担起社会责任和科普义务，黄山风景区管理委员会建立了黄山地质博物馆。该馆始建于 2008 年，2018 年建成，靠近云谷寺索道，其建筑面积约 1400 平方米，是黄山世界地质公园的重要科普阵地和交流窗口。在该馆内，游客可以认识矿物、岩石、地貌等。该馆还展示了很多黄山地区特有的生物，是了解黄山地质、畅游知识海洋的绝佳去处。

# 第二节　地质年代

　　研究人类历史，我们可以阅读古籍中的文字；同样地，研究地球的历史，科学家们可以阅读岩石中的"文字"，包括岩石、生物、结构等特征。研究地球的演化历史，科学家们就得阅读地质年代表，它是我们了解地球历史的基础。

今日的黄山

## 一、地球多大年纪了

　　自人类创造出文字算起，人类文明史已经有数千年。自进化成早期猿人（能人）算起，人类演化史已经有 250 万年。那么，自太阳系形成算起，地球演化史是多少年？或者说，地球的年龄有多大？

　　很久以前，这个问题的答案是从神话中得到的。欧洲文艺复兴之后，科学的答案才逐步浮出水面。

　　1749 年，法国博物学家布丰（1707—1788）出版《自然史》一书，公布了他对地球年龄的测算结果。布丰是怎么测量地球年龄的呢？他用了一个非常巧妙的办法。

考虑到地球内部是热的，他在铸铁厂里准备了一套不同大小的铁球，把这些铁球加热到几乎融化的程度，然后放到地窖里去冷却，测量不同大小的铁球冷却到地窖室温各用多少时间，从而得到了不同大小铁球的冷却速率。他发现，这些铁球的冷却速率和它们的直径具有明确的比例关系。由此，他计算出了地球直径那样大的铁球冷却到地窖室温需要多长时间。接着，布丰又用金属和非金属的混合物模仿地球的成分进行试验，并在计算中考虑到，地球在冷却过程中还会吸收太阳热。最后，布丰计算出，地球从熔融状态冷却下来，至少需要 7.5 万年，或许需要更长的时间，也许可以达到 300 万年。这就是他估算的地球年龄。不过，布丰在 1749 年只公布了他计算的最小值。然而，布丰的观点立即受到当时天主教教会的谴责和反对。

**相关链接**

地质年代　地质年代是地球历史发展的时间顺序与时限，不同的地质年代，代表了地球发展的不同阶段。46亿年漫长的地球历史时期中，地球经历了复杂的演化过程。地球在其形成以来的漫长时间内发生了一系列变化，其中一些大的变化可在地壳中留下痕迹，是我们研究地球的线索，我们把其中有意义的称为地质事件。地质事件主要记录在地壳岩石中，我们可以根据岩石中保存的物质和现象来识别地质事件。地质学家不仅要知道发生过什么事件，而且要知道事件发生的时间，并把地球历史时期的事件按照时间先后顺序排列，就得到了一张时间表——地质年代表。地质年代的单位，从大到小依次为"宙""代""纪""世"，"宙"由"代"组成，"代"又由"纪"组成，一个"纪"又可分成好几个"世"。这就好像我们对历史朝代的划分，如封建时代可分为多个朝代，每个朝代又有多个皇帝，每个皇帝又在位很多年。

1785 年，英国地质学家赫顿（1726—1797）不顾宗教界的反对，在《赫顿地球理论说明》中明确指出，自然规律是不变的，过去留下的地质现象可以用今天看得见的自然过程去解释，而这些过程一直在缓慢地进行着，看不到开始，也看不到结束。1830—1833 年，英国地质学家莱伊尔（1797—1875）出版了地学的经典著作《地质学原理》。他在书中指出，地壳岩石记录了亿万年的历史，可以客观地解释出来，而无须求助于《圣经》。赫顿和莱伊尔都认为，地球上的地质过程是极其缓慢的，自然法则始终如一。他们都强调地球年代的无限久远和地质过程的无始无终。换句话说，他们都认为地球的年龄"无穷大"！

在 1859 年出版的《物种起源》中，达尔文（1809—1882）提出生物的进化是极其缓慢的，地球的年龄极其古老。他眺望着一个山谷进行估算，如果海水以每个世纪一英寸的速度侵蚀岩层，那么，这个山谷的形成至少需要 3 亿年时间。然而，1862 年，热力学的开创者之一物理学家汤姆森（1824—1907）发表论文，说太阳在不断冷却，从太阳系诞生冷却到现在，大约用了 1 亿年至 5 亿年，这就是地球的年龄。1863 年、1864 年和 1868 年，他连续发表论文，从热力学角度详细论证了地球从熔融状态到全部固结冷却所需要的时间。他综合考虑了地球的地热梯度、地球的扁球形状、旋转速率以及潮汐的摩擦力等因素，最终估算出地球冷却固结到今天所需要的时间是 1 亿年。

不久后，科学家发现了放射性现象。1903 年，法国物理学家贝可勒尔（1852—1908）、居里夫人（1867—1934）和她的丈夫皮埃尔·居里（1859—1906）被授予诺贝尔物理学奖，表彰他们对放射性现象研究的非凡贡献。科学家们敏锐地预感到放射性现象将对地质学有着意想不到的重大意义。1903 年，物理学家卢瑟福发表论文指出：每种放射性同位素衰变到最初含量的一半时，所用的时间是恒定的，并将其称为同位素的"半衰期"。根据这一原理，卢瑟福提出，可以用含铀矿物中累积的氦的数量来测定铀矿物的年龄。1904 年，卢瑟福用这种方法实际测定了几块铀矿物，得到的年龄都在 5 亿年以上。

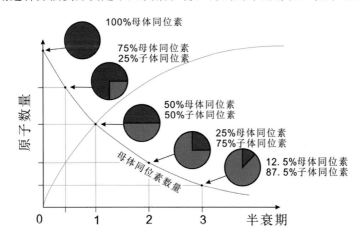

半衰期测年的原理

可惜的是，卢瑟福没有继续测算地球的年龄，又去继续他的核物理研究了。历史把这个任务交给了帕特森。1948 年，在导师的指导下，他在芝加哥大学做关于陨石中铅同位素含量测定和计算的博士论文。1953 年，他拿到了来自亚利桑那州巴林杰陨石的样本，拿到后立即把样本带到设在芝加哥大学的阿贡国家实验室，那里曾是"曼哈顿计划"的实验基地，有世界上最先进的质谱仪。实测结果很快出来了：45.5 亿年，这就是地球的精确年龄值。

1956年，成果发表了，帕特森成为地球上第一个测算出地球"绝对年龄"的人。

帕特森对地球年龄的测定不是根据地球本身的岩石，而是借助于陨石。月球是离地球最近的太阳系成员。人类实现登月以后，对月球表面的岩石和粉尘进行了取样和测定，结果表明，月岩的年龄为45.2亿～46.0亿年，粉尘的年龄也达到46亿年。因此，包括地球在内的太阳系行星体的形成时间可能有45.5亿～46亿年。当然，这些测定都依赖于同一个假设：太阳系所有行星体都是同时形成的。最新的研究成果证明，太阳系行星体的起源存在着时间差别。因此，要获得地球更精确的年龄值仍有待于深入研究。

## 二、地球的成长

地球年龄确定以后，为了研究地球发展历史，首先要建立地质时代。地质学家根据世界各地区地层划分对比的结果，以及生物演化阶段、大地的运动过程、地理环境变化等研究，结合同位素年龄的测定，建立起包括地史时期所有地层在内的世界性的标准年代地层表及相应的地层年代表，综合反映了地壳中无机界和有机界的演化顺序及阶段。

| | | | | | |
|---|---|---|---|---|---|
| 显生宙 | 6500万年 新生代 中生代 2.50亿年 古生代 5.43亿年 | 新生代 | 260万年 2300万年 6500万年 | 第四纪 | 人类出现 |
| | | | | 新近纪 | 哺乳动物多样化 |
| | | | | 古近纪 | |
| | 元古代 生命出现 | 中生代 | 1.37亿年 2.05亿年 2.50亿年 | 白垩纪 | 恐龙灭绝，灵长类出现，被子植物出现 |
| | | | | 侏罗纪 | 恐龙多样化，鸟类出现 |
| | | | | 三叠纪 | 最早的恐龙和哺乳动物出现 |
| 隐生宙 | 25亿年 太古代 地壳形成 40亿年 冥古代 地球形成 46亿年 | 古生代 | 2.95亿年 3.54亿年 4.10亿年 4.38亿年 4.90亿年 5.43亿年 | 二叠纪 | 爬行动物多样化 |
| | | | | 石炭纪 | 早期爬行动物，蕨类植物，昆虫飞跃发展 |
| | | | | 泥盆纪 | 两栖动物出现，鱼类演化 |
| | | | | 志留纪 | 维管束植物出现 |
| | | | | 奥陶纪 | 生命进一步分化 |
| | | | | 寒武纪 | 生命大量出现 |

国际地层委员会推荐的地质年代表

地球形成至今约 46 亿年，大致可分为三个阶段：

（1）冥古代：距今 46 亿～40 亿年。地球上未保存这时期地质体，当时地球的情况主要从现在的地质知识和理论，结合对月球和其他行星的考察而推论的。

（2）太古代—元古代时期：距今 40 亿～5.43 亿年。该期地质体主要残留在地球若干古老且有最古老的化石大陆上。太古代是地壳形成的时期，出现最原始的无细胞核的原核生物，太古代时期地壳发生了多次强烈的构造运动使地层褶皱、变质、岩浆活动，从而扩大了原始大陆的范围。元古代是地壳演变过程中的第二个时间单位，距今 25 亿～5.43 亿年，可进一步划分为古元古代、中元古代、新元古代。元古代出现了真核细胞的菌藻类植物，开始出现向多种生物门类演化和发展的迹象，元古代后期出现了全球性的大冰期。

（3）显生代时期：距今 5.43 亿年。此期地质体遍布全球且较完整，对其地质作用的研究亦完全而成熟，生物趋向繁荣，并几度出现兴衰交替的发展。具体分为古生代（包括早古生代和晚古生代）、中生代和新生代。

早古生代包括寒武纪、奥陶纪、志留纪三个纪，距今 5.43 亿～4.10 亿年。寒武纪时期地球上几乎所有门类的生物爆发性涌现（明显区别于之前的地质时代），地球历史进入新的阶段——显生宙，出现海生无脊椎动物，有脊索动物的笔石和最早的脊椎动物无颚类，水生菌藻类植物。晚古生代包括泥盆纪、石炭纪、二叠纪三个纪，距今 4.10 亿～2.50 亿年。晚古生代是由海洋占优势向陆地面积进一步扩大发展的时代。石炭纪—二叠纪是两栖类动物空前繁盛的时代，被称为两栖类时代。

中生代包括三叠纪、侏罗纪、白垩纪三个纪。距今 2.50 亿～0.65 亿年，在构造运动、岩浆活动、生物、古地理等方面均有显著特征。中生代生物界是陆生被子植物、爬行动物陆生恐龙类大量繁殖和海生无脊椎动物菊石类的繁盛时期。

新生代是地史时期最新的一个代，约开始于 6500 万年前，地质学家将其划分为古近纪、新近纪、第四纪。新生代生物界的总体面貌已经与现代接近，植物界以被子植物为主，称为被子时代，脊椎动物中的哺乳类繁盛，称为哺乳动物时代。人类出现和发展是第四纪的重要特征。

这时，也许有读者会问风景秀丽的黄山是在什么时期形成的？又处在地球演化的哪个具体阶段呢？

黄山花岗岩地貌

黄山的主体花岗岩是一种侵入岩，即岩浆在地下冷却形成的岩石。地质学家通过对黄山不同花岗岩体进行系统采样，在室内把样品粉碎，在显微镜下挑选出花岗岩中的一种矿物——锆石，进行放射性同位素定年，从而精确测定黄山岩石的年龄。结合岩体的地貌、结构、岩石种类以及相互之间的关系，科学家将黄山岩石的形成分为 4 期岩浆活动，所形成的均为花岗岩。第 1 期为中粒二长花岗岩（矿物颗粒 1～5 毫米），第 2 期为粗粒似斑状钾长花岗岩（矿物颗粒＞5 毫米），第 3 期为中细粒似斑状钾长花岗岩（矿物颗粒 0.1～5 毫米），第 4 期为中细粒花岗岩（矿物颗粒 0.1～5 毫米）。

这些不同期次花岗岩的形成虽有先后，但其同位素测得的年龄差别不大，形成时间均在 1.25 亿年前后。查询地质年代表可知，组成黄山的花岗岩岩体形成于显生宙时期的中生代早白垩纪。

# 第三节　地壳的运动

黄山一直处在不断运动和变化的过程（即地质运动）中。

地球有数十亿年的历史，科学家是怎么知道历史上地壳曾发生过运动呢？人们平常总说凡走过必留下痕迹，地球上发生的事也不例外。基于此，地质学家通过分析地壳运动留在岩石上的蛛丝马迹，比如一条岩石运动的划痕、一块变形的生物化石等，来重现地质运动的过程。

**相关链接**

地质运动　运动是物质的基本属性，也是物质存在的一种方式。小到一个原子，大到宇宙，无时无刻不在运动。我们的地球也不例外，相比太阳系中的其他几个小伙伴，地球很调皮，她的运动形式多样而且复杂，时而快速，时而缓慢，时而水平，时而垂直。在地球科学上，我们一般把地球的运动称为构造运动，它是指地壳或局部的岩石在力的作用下，发生的变形或变位，从而形成一定的地质景观。构造作用决定了地形地貌的基本格局，比如哪些地方隆起形成高原和山地，哪些地方低凹形成盆地和海洋。

这就像刑侦人员根据案发现场留下的痕迹，来重现案发过程一样。地球科学除了让我们欣赏地球的美之外，还能让我们像侦探一样来探索自然之谜。

## 一、地球的结构

上天、入地、下海是人类自古以来的梦想，如今我们的"蛟龙号"载人潜水器已经可以到海洋的最深处——马里亚纳海沟，我国的"天问一号"火星探测器已飞往火星。可以说，人类上天和下海梦想的实现已经取得了长足的进步。与之相比，入地则要逊色得多。人类观测地球内部结构的直接手段是从地面往下打钻孔，目前的钻孔纪录由苏联在20世纪80年代创造。此钻孔被称为科拉深钻，其深度约12千米，不到地球半径的0.2%。那我们是不是就没有办法知道地球内部的情况了呢？不是的，科学家们还有别的办法。我们在买西瓜的时候，可以用手敲一敲来判断是否成熟，准妈妈通过做B超，能够判断胎儿的小手有多长、脑袋有多大。类似地，科学家们可以通过给地球"做B超"的方法来了解地球内部的结构，只不过地质学家找不到那么大的B超机器，所以改成了用地震波来研究地球结构。

通过上面的方法，我们可以知道固体地球其实是分层的，分为地壳、地幔和地核。这与鸡蛋的蛋壳、蛋清和蛋黄类似，但是按照比例来说，鸡蛋壳要比地壳"厚"得多。地球并不是一个严格

"蛟龙号"载人潜水器（董彦辉 摄）

意义上的球体，但若将其按比例缩小至地球仪大小时，则与标准球体相差无几。目前我们已经知道地球的半径约 6400 千米，地幔与地核边界距地表约 2900 千米，地壳平均厚度约 30 千米。黄山最高峰莲花峰的海拔高度为 1864 米，如果把地球比作一个苹果，黄山也仅相当于苹果皮上的一粒沙子。

地球的内部圈层结构（取自科学图片图书馆）

很多人认为地球只包括我们脚下的固体地球，这是一种错误的认知。实际上，除了内部圈层外，地球的表面也具有圈层结构，我们将之称为外部圈层，包括

岩石圈　上地幔70~220千米的一层相对"软"，易发生塑性流动，称软流圈。软流圈上部的岩石相对坚硬，具有刚性，科学家将软流圈之上的刚性地质体称为岩石圈。岩石圈是地质学家认识地球最主要的研究对象，其在水平方面上由若干板块构成，在垂直方面上平均厚度约100千米。

大气圈、水圈和生物圈。尽管地球的外部圈层相比内部圈层要薄得多，但它是地球的重要组成部分，是与人类生活最为密切的部分。地质学家们很想跑到地心去看看地球内部如何运动，遗憾的是，我们对地质运动的了解仅局限在地球表面。地质运动的规模可大可小，大到整个陆地的整体运动，小到几个厘米的岩石位移。科学家平常说的地球运动主要指地壳运动，下文的探讨对象也主要指地壳和岩石圈。

大气圈、水圈和生物圈共同作用下的黄山

## 二、地球也调皮——地壳运动

北宋科学家、政治家沈括著有笔记式百科全书《梦溪笔谈》，此书中有这样一段记载："予奉使河北，遵太行而北，山崖之间，往往衔螺蚌壳及石子如鸟卵者，横亘石壁如带。此乃昔之海滨，今东距海已近千里。所谓大陆者，皆浊泥所湮耳。尧殛鲧于羽山，旧说在东海中，今乃在平陆。"这段话的意思是说，在太行山上，岩石中分布着大量的海洋生物化石，而其与当时海洋的距离已逾千里。

曾在地下蛰伏上亿年的黄山花岗岩今已为山峰

生活在海里的一些生物，为什么会出现在高山上呢？这是因为海洋生物死亡以后，进入到沉积物里，沉积物又慢慢变成岩石。地壳在挤压力的作用下，将岩石往上抬升，露出地表，并形成高山，就形成了太行山上"横亘石壁如带"的化石层。即便是世界屋脊青藏高原，其地层里也有大量海洋生物的化石，其形成原理与此相同。黄山的岩石为花岗岩，这是一种炽热岩浆在地底下冷凝形成的岩石。据地质学家分析，黄山的岩石形成于一亿多年以前，沉睡上亿年的岩石被挤出地表、重见天日，并不断被流水、风、冰川打磨，形成了今天的样子。

　　实际上，除了垂直运动外，地壳运动还有另外一种形式——水平运动。三国演义中有"天下分久必合，合久必分"的说法，这句话同样适用于地质运动。在地球历史上，大陆曾发生水平方向上的数次裂解、合并。最近的一次联合大陆形成于约 2.25 亿年前，黄山所在板块当时的位置，与今天大不相同。需要指出的是，科学家们只知道地壳会运动，至于为什么地壳会运动，就不是特别清楚了。科学家们提出了很多假说，但依然存在一些争议，这个问题还要靠未来的地质学家去解决。

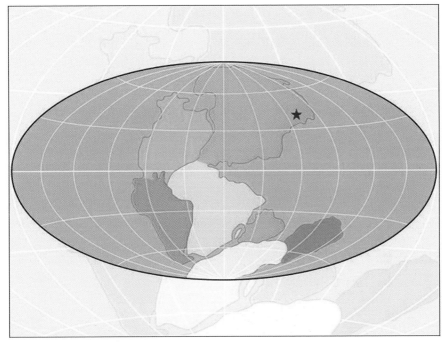

2.25 亿年前"黄山"的位置（图中红色星号，当时实际无黄山）

　　如上所述，地质运动按运动方向，可划分为水平运动和垂直运动两种基本类型。水平运动指地壳沿水平方向的移动，有时挤压，有时拉伸。垂直运动是相邻的块体做差异性上升或下降。一般来说，同一地区的地质运动方式总是在不断变化：某一时期以水平运动为主，另一时期则以垂直运动为主。但从总体上来说，水平运动是主导的，垂直运动是次要的、派生的。数亿年以来，大陆不断漂移，黄山所处的地块不断水平运动到当今的位置。一亿多年前，黄山的花岗岩在数十千米深的地下历经上百万年的时间由岩浆冷凝形成。这些岩石在一股洪荒之力的作用下，经若干次地壳抬升，露出地表，上面覆盖的岩石被剥离开，又在风和流水的持续作用下被雕刻成今天的模样。

# 第四节　大自然的刻刀——风化

地球是宇宙中目前已知的唯一蓝色星球和生命星球，笔者不敢说宇宙中一定没有其他孕育生命的星球，但是毫无疑问，地球是我们太阳系的明星，也是宇宙的奇迹，更是人类文明的基石。我们的地球风采旖旎、炫彩夺目，人们经常用鬼斧神工来形容地球上的景观，那么究竟是什么造就了令人叹为观止的自然景观呢？这一切主要应归功于风化，没有风化就不会有壮丽的山河，更谈不上有咱们雄伟秀丽的黄山。

晨曦下的黄山

## 一、风化作用对岩石的破坏

在生活中，我们经常可以观察到一些物体的变化，比如，人的脸会慢慢出现皱纹、放久的水果容易干瘪、晒久的塑料袋一碰就碎、铁质零件容易生锈等。不难发现有一个共性引起这些物体的变化：暴露在外面，受到太阳（温度变化）、水、空气等因素的作用。也许你会发现某些物体一段时间不怎么发生变化，那是因为观察的时间不够长，在足够长的时间尺度上，任何物体都会发生一定程度的改变。地球的历史长达 46 亿年，其过程经常以百万年为单位来描述，所以不能以人的时间视角来理解地球上的过程。

**相关链接**

风化作用　在地表环境下，在空气、阳光、水（冰）、生物等外力作用下，新鲜的岩石在原地会不断地发生物理破碎或化学反应及生物分解。日复一日，年复一年，这些作用使岩石转变为松散的碎屑物或土壤，并使岩石的形貌不断发生变化，这个过程我们称之为风化作用。根据作用的因素和性质可将风化作用分为三种类型：物理风化作用、化学风化作用和生物风化作用。风化作用像一把刻刀一样，雕琢自然景观的基本格架，从而启动地球的"造景"过程。上至高山之巅，下至深海沟壑，无一不受到风化作用的影响。

生锈的铁链

逐渐破碎的花岗岩

同样地，地表岩石也在不断发生变化，平常说的滴水穿石就是很好的体现。岩石一旦露出地表，在新的环境中必然要达到新的平衡。由于地表有比较大的自由空间，岩石在新的环境下其平衡就会向扩大空间的方向发展，这就是风化的基础。在开放体系中的地表岩石，会受到各种因素的作用，随着时间的变化，会产生不同形式的改变，比如最为典型的破碎，又如岩石表面会产生一层化学反应的产物，像铁钉生锈一样，这些都是风化作用的产物。

岩石从最初形成到被改造成现在的样子，形成伟岸秀丽的景观，风化作用是最早的一步，也是最为关键的一个环节。如果把自然景观比作一尊雕像，风化作用则像一把刻刀，决定着哪个地方会形成眼睛和鼻子，哪个地方会被雕成嘴巴和耳朵。

"生锈"（风化）的黄山花岗岩

"风化"这个专业词汇译自外文，英文中对应的表达为"Weathering"。单从字面上理解，风化自然与风有关。诚然，风会影响岩石的风化过程，但需要特别注意的是，其不是唯一的影响因素。笔者认为将"Weathering"译为"风化"有时会引起误导，这个翻译过多地强调了"风"，而忽略其他影响因素，难以反映风化复杂过程的全部。尽管如此，地球科学在中国发展以来，"风化"一词已被广泛用于地球科学的许多分支学科，并沿用至今，其内涵已无人深究。在这里，请大家变身科学家，可以根据自己对风化作用的理解，尝试给它取一个更准确、更科学的名字！

风化作用遍及整个地球的表面，水下也存在风化作用。但水下的风化作用非常微弱，且由于沉积作用，水下风化作用一般很难作为主要的地质作用显示出来。因此，风化作用主要在大陆的表面进行。

## 二、是什么引起了风化

地球上的大气圈、水圈、生物圈时刻都在共同作用于地球表层，它们相伴而生，并相互影响和促进，共同破坏着岩石，只是在不同的空间或不同的时间常以某种风化作用为主，其风化速度和风化产物也不尽相同。因此，风化作用要有两个基本条件：一是内在条件，即需要一块岩石，岩石自身的性质直接决定了风化作用的难易；二是外在条件，即要有改造这块岩石的力量。

黄山花岗岩的裂隙（鳌鱼峰）

在相同的自然条件下，岩石自身性质是影响风化强度的主要因素。岩石自身性质包括岩石的成分、结构和构造等。另外，岩石的裂隙发育程度对风化作用也有显著的影响。裂隙发育增加了水和空气与岩石接触的面积，使风化作用易于进行。被裂隙分割成块状的岩石，岩石的棱角部位与外界接触面积最大，最易遭受风化破坏。

根据地质学家的研究，物理、化学、生物过程都能引起风化作用，参与这个过程的物质包括岩石本身、空气（风）、水（冰）、阳光等。例如，水是地球上最普通的一种物质，但它也是一种极其特殊的物质。水是自然界唯一可以同时以固态、液态、气态三种状态大量存在的物质。在塑造地表形态的过程中，水具有最为强大的力量。在不同的温度下，水的密度会发生改变，其在 4 摄氏度时密度最大（体积最小），因此水结冰后会膨胀，能够将岩石劈开，这个风化过程被称为"冰劈"。在中国北方很多农村地区，人们会在户外的一些水缸外面缠上稻草，就是为了防止水在晚上结冰将水缸撑破。古人很早就懂得利用水的这种性质，如人们为了将岩石破开，有时会在岩石上凿出小洞，将水灌进去，晚上水结冰后就会破坏岩石。反复操作多次，岩石就会因为冰劈作用而被劈开了！在历史上，黄山上曾分布大量的冰川，时至今日我们在黄山上仍旧能看到很多冰川遗迹（详见第二章第三节）。今天，你在黄山上看到的每一块岩石，都可能经历了数百万年前冰的无数次凿蚀。

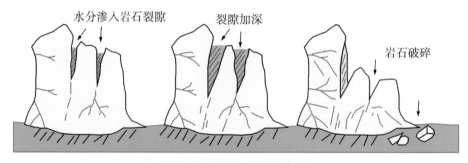

水的风化作用（冰劈作用）

除此之外，生物也能对岩石产生破坏作用，尤其是植物的根系可以伸入岩石的裂缝。生物在生长过程中，根系不断发育，会对两侧岩壁产生很大的压力，久而久之，也能够将岩石破坏，这种生物风化作用称为"根劈"。黄山上生长着大量的黄山松，其中相当一部分生长在悬崖峭壁上。如驰名中外的迎客松，无时无刻不在进行根劈作用。可以说，在塑造黄山景观方面，生物风化功不可没。

黄山上的生物风化——根劈

## 三、风化的产物

世上没有两片完全相同的树叶，也没有两块完全相同的岩石，多种多样的景观也得益于风化产物的多样性。就连鼎鼎大名的孙悟空，其实也是风化作用的产物，不信我们来看一下《西游记》原著中是怎么记载的。

"那座山正当顶上，有一块仙石……盖自开辟以来，每受天真地秀，日精月华，感之既久，遂有灵通之意。内育仙胞。一日迸裂，产一石卵，似圆球样大。因见风，化作一个石猴。五官俱备，四肢皆全……"

根据这段描述，仙石"迸裂"后产生一个石卵，见风后，最终化作一个石猴。由此可见，如果真有美猴王，那他一定也是受到了风化作用的影响！实际上，一些岩石受风化作用的影响，确实容易形成石卵的样子。一块四四方方的岩石，其棱边和棱角更容易被风化剥蚀，从而逐渐变成球一样的形态，这被称为球状风化。在黄山上，随处可见很多石蛋，这就是球状风化的结果。

黄山花岗岩的球状风化

　　地球上的岩石多种多样，有的岩石软，有的岩石硬，不同软硬的岩石抗风化作用的能力也不同。因此，即便处于同样的环境下，易风化的岩石会凹下去，难风化的岩石会突出来，这在地质学上被称为"差异风化"。如黄山上的知名景点龟蛇二石守云梯就是差异风化的产物。

龟蛇二石守云梯（中间通道处易风化，两侧较难风化）

# 第五节 大自然的搬运工——重力和水

地球的历史有 46 亿年。这颗蔚蓝色星球在 40 多亿年前曾是炽热的岩浆海，最外面冷却结成一个硬壳——地壳，而内部则逐渐分化成地幔和地核，在此基础上逐渐演化出生命和生态系统，从而形成了今天生机勃勃的地球。在这漫长的数十亿年中，地球经历了无数的"风雨"，被地质作用改造了无数次。地表鬼斧神工自然景观的形成，得益于各种作用力对地表的改造，如水、冰川、风、海洋、重力等。本节以重力和水为例，向大家介绍一下发生在地表的一些自然地质过程。

## 一、无处不在的重力

我们知道，任何两个物质之间都存在引力。地球上的物体由于地球的吸引而受到的力叫重力，因而重力无处不在。

电视连续剧《水浒传》的主题曲《好汉歌》中有这样一句歌词："大河向东流，天上的星星参北斗"，我国地势西高东低，大河向东流就是重力作用的结果。虽然科学家们对重力的本质还缺乏足够的认识，但不可否认的是自然界中很多地质过程都受到了重力的影响，小到水滴落下、

**相关链接**

地质作用 地质作用是指形成和改变地球的物质组成、外部形态特征与内部构造的各种自然作用。地质作用也是地球上的物质发生运动、变化的过程。这些过程，可以看成是地球物质间的相互影响。由于使用的场合不同、强调的侧面不同、习惯的不同，可能使用"过程""运动""活动"等不同的词。有些地质作用发生在地球深处，比如地下的热量把岩石熔化形成岩浆、岩石挤压断裂形成地震、深海抬升形成高原等，称为内动力地质作用；有些地质作用发生在地球表面，比如岩石的风化、水冲刷岩石等，称外动力地质作用。

沙尘落地，大到泥石流的发生、瀑布形成、冰川的运动和山体的崩塌等，都是重力作用的结果。这些过程都会对地形地貌产生明显的影响。

一般来说，地貌由内因和外因共同决定。地壳运动、火山喷发活动等地球内部活动是内因，它决定了地表的基本格架，比如哪些地方形成盆地，哪

些地方形成高山。外部的地质作用，如风化和剥蚀，则像刻刀和笔刷一样，对地表进行雕刻和装饰。黄山同样受到了各种地质过程的影响。哪些外部作用力参与了对它的修饰呢？让我们一起来看看吧。

重力作用下欲滴的水珠

## 二、重力对地表的改造

地球的内部运动负责搭建好地貌的基本格架，之后地表的一些过程开始对岩石进行改造，这是一个连续的过程，主要环节包括：风化、剥蚀（侵蚀）、搬运等等。地球内部运动负责造山，外部运动则负责"夷平"，但在夷平的过程中会产生多种多样的自然景观。如果不是后期的改造，如果没有风化和剥蚀，地表将会像癞蛤蟆的皮肤一样，凹凸无序、崎岖不平。在一系列的外部作用中，风化启动了地表岩石的改造过程，风化产物在重力或其他地质力的作用下被剥离开母岩，再被水、风、冰川等介质搬走。这些被运走的风化产物最终会沉降下来，逐渐固结变成新的岩石，开始新的轮回。在整个过程中，重力扮演着极为重要的角色。

在长期风化过程中，岩石会被破碎成小块，使得风化产物与母岩的固结力减弱，受力变得不稳定。如黄山山顶的很多岩石被风化得支离破碎、摇摆不定。当岩石碎块与母岩的固结力小于其重力时，便会脱离开母岩，跌落山崖。这种剥蚀的结果有两个，一是将母岩暴露出来，继续风化；二是改变地表的形态，造成特殊的地貌。

山顶上即将掉落的岩石碎块

由于重力无处不在，所以无论岩石大小都要受其影响。重力搬运的可以是一块几厘米大小的岩石碎块，也可以是重几十吨的巨石。如果被搬运的岩石的体积很大，其在运动过程中，会与底部的岩石碰撞、摩擦，从而进一步加剧岩石风化。此外，任何有高差的地方，都会产生重力势能。当高差与水相遇时，便形成溪流或瀑布，这便产生另外一种改造地表最重要的形式——河流。

从山顶滚落下来的巨石

在重力作用下形成的小型瀑布水潭

## 三、河流对地表的改造

水广泛存在于自然界，人类与水有着难以割舍的情缘，如古希腊哲学家泰勒斯曾认为水是世界的本原。在中国传统文化中，水既柔又刚，拥有非常强大的力量。中国人很早就意识到水的重要性，将其列为"五行"之一，此外水也是"八卦"中自然界的八种基本物质之一。水看似普通，但在科学上，它是极为特殊的一种物质。比如在自然界常见物质当中，水具有最大的比热容，且是唯一一种可以同时以气态、液态和固态三种相态大量存在的物质。

水在自然界能够以多种形式存在，如冰川、湖泊、海洋、地下水等，但塑造地表最重要的作用力则来自地面流水——河流。河流是指洼地中汇集的常年或季节性的流水，其对地表的改造体现在两个方面。一是运动的河水具有一定的能量，会冲刷河床，侵蚀河岸，这会使河谷下切变深，侧切变宽，并向源头侵蚀使河流变长。黄山山峰间的许多沟壑，正是在河流的冲刷、侵蚀作用下形成的；此外，由于地形的影响，河水可在局部形成漩涡，在地上"钻"出一个洞。二是河水在流动过程中，会随河水搬运岩石。河水流速越大，搬运能力越强，因此在河谷中会出现大块的砾石。一般来说，河流中的岩石被搬运得越远，碰撞就越多，会逐渐变得光滑。黄山山体陡峭，岩石在山体上未被搬运很远，所以山谷中的石头体积较大、棱角也较明显。当我们看到河谷中的岩石杂乱、块体较大且棱角又分明时，可以推测该处离河流的源头较近。

河流的侵蚀作用：侵蚀岩石形成山谷（左）、在岩石上"刨"出坑（右）

河流的搬运作用：峡谷中流水搬运的岩石（图：翡翠谷风景区办公室）

　　河水在进入比较开阔或平缓的地方时，流速下降，水中所裹挟的岩石或沉积物会沉降到河床，这就是河流的沉积作用。这种作用对人类文明的发展而言非常重要。一个有趣的现象是，所有的古文明都诞生在大江大河旁边，如中东的两河流域，非洲的尼罗河，中国的黄河、长江等等。黄山脚下虽没有大规模河流，但是山上流下的水也冲刷出一大片平原，这成为养育徽州人民的一片沃土，孕育了独特的徽州文化。

　　其实，除了上面所提到的重力和水，风也会参与黄山地貌的塑造。它是怎么影响黄山地貌的呢？这个问题留给读者们自己去发现吧。

河流的沉积作用：黄山脚下形成的冲积平原

# 第六节　黄山的形成与演化

　　当前，人类生存环境面临巨大的挑战，如全球气候变化、环境污染、生态破坏等。鉴往知来，只有了解地球的过去，才能更好地预测地球的未来，为我们的子孙创造一个更美好的生存环境。地球的演化历史是一个非常漫长、动态的过程，曾经发生了很多的事情，包括大陆的拼合与裂解、山脉的隆升与沉降、生物的进化与灭绝等。过去是理解未来的钥匙，拿到过去这把"钥匙"，我们才能开未来那把"锁"。

　　今天的黄山巍峨高大、高耸入云，然而在数亿年前，黄山也只是一片汪洋大海。在约8亿年前，海水绕过当时的陆地（科学家称之为江南古陆），从东南方向进入黄山地区，黄山一带被淹没在海水之下。

　　在距今5.4亿年的寒武纪开始到奥陶纪，地壳处于拉张的高潮时期，导致了海平面的最大上升，在长达1.4亿年的时期里，黄山地区基本稳定，仍是一片海洋。

　　到距今约4.05亿年的志留纪末期，地壳活动逐渐加剧，经过一段构造的活动期后，黄山地区整体隆升为陆地，到晚泥盆世广泛出现了三角洲平原——河流沉积。黄山地区在经历了5000万年的陆地生涯后，到了石炭纪，海水自西向东卷土重来，重新沉入海平面以下。地质学家曾在黄山脚下谭家桥等地发现三叶虫化石，而三叶虫是一种典型的海洋生物，这说明黄山地区在4亿年前确为海洋。

　　在距今2亿年前的三叠纪末期，地壳进入一个新的活跃期，这使得地壳隆起而成为陆地，海水退出安徽境内，最终黄山地区结束了漫长的海侵历史和海相沉积，再次成为陆地，从而使黄山地区进入到崭新的历史篇章。

　　进入侏罗纪以后，影响遍及我国的燕山运动，以强烈频繁的岩浆和构造活动，不断地改造并雕塑黄山地壳的地貌，并形成了一系列构造带，在不同构造带的交汇处形成大规模岩浆活动中心。黄山世界地质公园北部的太平花岗闪长岩体，就是晚侏罗纪岩浆侵入的产物。到早白垩纪时，晚燕山运动又一次震撼江南大地，深藏于地壳下部炙热的岩浆，沿着印支运动时形成的褶皱带，从黄山这块比较薄弱和断裂发育的地壳内乘虚上升，侵入距地表数千米的古老地层中。随着温度和压力的改变，这些岩浆由边部向中央慢慢地冷却凝结而成黄山花岗岩岩体的胚胎，这便是距今约 1.25 亿年时期形成的"地下黄山"。

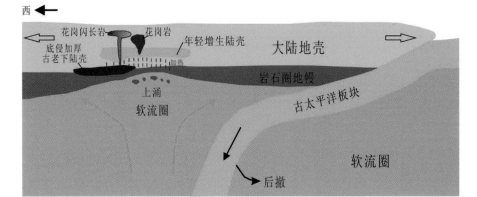

1.25 亿年前的地下黄山（图中花岗岩）

在黄山岩浆侵入地壳形成花岗岩岩体之际，也就是黄山山体雏形孕育铸就之时，在经历了一次次岩浆上侵定位和结晶固结之后，黄山岩体的雏形终于形成。此时，中国东部构造体制发生了转换，进入滨太平洋构造域，由于古太平洋板块对欧亚大陆的俯冲碰撞，应力场发生了变化，地壳运动的方向也随之发生改变，使得该区进入断块发展阶段。此时的黄山花岗岩岩体仍然埋藏在地下，上面还覆盖着数千米厚的沉积盖层。在经历了多次间歇抬升之后，覆盖在岩体上的巨厚盖层不断被风化剥蚀。到了距今五六千万年前时，地壳开始最近一次大规模地壳运动——喜马拉雅运动，导致这些沉积盖层随着山体的抬升而逐渐被剥蚀殆尽，黄山终于露出了地表，得以拨开云雾见天日，沧海终变桑田，形成了莲花峰、光明顶和天都峰等花岗岩山峰，只是当时尚无今日如此巍峨伟丽的风姿。喜马拉雅运动使地壳进一步抬升、隆起扩大，黄山相应地不断升起，同时经受剥蚀，逐渐形成了高逾千米、翘首云天的花岗岩峰林。

在第四纪时期，黄山曾先后发生了数次冰期，使得冰川大规模发育，这些冰川的搬运、剥蚀作用，在花岗岩岩体上留下了冰川遗迹，形成了黄山的冰川地貌景观。再加上露出地表以后，受到大自然千百万年的天然雕凿，终于形成了今天这样气势磅礴、奇峰穿云的自然奇观。

奇峰穿云的黄山地貌（胡奇涛 摄）

# 第二章　大自然的神奇造化

　　黄山有五绝，分别为奇峰、怪石、云海、温泉和冬雪，奇峰和怪石是黄山的"骨骼"，云海、温泉和冬雪是黄山的"血肉"。这五绝，动中有静，静中有动，让黄山充满灵动之气。黄山山体峰峦叠嶂、浑厚秀丽，为静；山上流水行云、变化多端，为动。动静相宜、山水相依，塑造了举世闻名、鬼斧神工的黄山奇景。本章从宏观的角度来看一看大自然的鬼斧神工——奇峰和怪石。

# 第一节　三峰竞秀

　　山地与平原是大陆表面两种最基本的地貌形态，黄山是典型的山地地貌。单在黄山风景区内，海拔高度超过千米的山峰数量就有 88 座，其中天都峰、莲花峰、光明顶并称黄山的三大主峰，在所有黄山山峰中最为知名。黄山 88 座山峰的顶部形态多样，有尖峰、穹峰、塔峰等，三座主峰在类型上均为穹状山峰。"海到无边天作岸，山登绝顶我为峰"，黄山的这几个山峰每年都要吸引无数的游客攀登。在景区中央一字排开的这三座主峰形态不同、风格迥异，犹如三位神仙一样守护着徽州这片土地。

　　山地　山地是指地面上被平地环绕的孤立高地，其周围与平地的交界部分，有一明显的坡度转折。山一般由三部分组成：山顶、山麓和山坡。山的最高处称为山顶，可呈尖、穹、平等形态。山体与平原的交界称为山麓，山顶到山麓的过渡称为山坡，形态可呈平直、倾斜或垂直。一座山可拥有多座山峰，在这些山峰中海拔最高的又被称为主峰。按照海拔高度，山可分为极高山（>5000米）、高山（3500~5000米）、中山（1000~3500米）、低山（500~1000米）和丘陵（相对高程一般<100米，坡度较缓）。根据此划分标准，黄山属于中山。山地的形成主要受地壳运动的控制。

## 一、天都峰

　　天都峰海拔 1826 米，常年为云雾环绕，似天上都会，故名"天都峰"。在三大主峰中，天都峰的海拔是最低的，但它却是最陡的，堪称"黄山第一峰"。一首佚名的诗曾这样描述：

踏遍峨眉与九嶷，

无兹殊胜幻迷离。

任他五岳归来客，

一见天都也叫奇。

受徐霞客的影响，我国素有"五岳归来不看山，黄山归来不看岳"的说法，这首无名诗颇有"天都归来不看峰"之意。此外，民间也流传"不登天都峰，等于一场空"，这对天都峰都是一种极高的赞誉。天都峰上的景点有十余个，最为陡峭和险峻的地方当数"鲫鱼背"——一条仅有约一米宽、十余米长的小道，两侧为绝壁悬崖。挑战天都峰对人的体力和心智都有相当高的要求，笔者数年前曾爬过天都峰，每每想起依然历历在目，惊心动魄。

天都峰的岩性为花岗岩，一亿多年前形成于地下。地质运动将地壳抬升后，这些岩石露出地表，后在河流、冰川、风等作用下形成今天的模样。过去两百多万年来，地球上的气候历经多次冷暖变迁。我国著名地质学家李四光认为，在冰期时中国东部山区足以产生冰川活动，他曾系统地论述天都峰是冰川作用的结果。根据冰川理论，当一个山体两侧被冰川不断侵蚀时，山体会不断变薄，直至两侧冰川碰到一起，山体变成一条尖的山峰（如刀刃）或三角锥形，在地质学上其学名分别为刃脊和角峰。依此理论，鲫鱼背为刃脊、天都峰为角峰。

天都峰

但是，我国现代冰川学的奠基人施雅风对李四光的观点持反对意见，他认为中国东部不存在冰川发育的条件，此观点一出，在学术界引起轩然大波。时至今日，以李四光为代表的地质学家和以施雅风为代表的冰川学家依然在争论。李四光和施雅风都是我国老一辈著名科学家，且都有独到的视角。在常人看来，二人都是权威，但是二人意见相左，不可能都是对的。学术争鸣是一个国家学术良性发展的标志，两位科学家的故事或许也能给我们一点启示。希望将来有一天，小伙伴们能从事地质工作，来解决这个学术界几十年来悬而未决的难题。

仅一米宽的天都峰鲫鱼背（冰雪 摄）

## 二、莲花峰

莲花峰与天都峰时常隔云海相望，峰顶海拔1864.8米。它是黄山风景区第一高峰，也是安徽境内最高峰。莲花峰主峰突兀、小峰拥簇，犹如莲花叶片朝天开放，因而得名"莲花峰"。峰体相对圆润，成为穹状的高山台地，上有零星黄山松分布，是典型的花岗岩风化地貌，石壁上另有若干摩崖石刻。

莲花峰海拔高度指示碑（冰雪 摄）

## 鬼斧神工的黄山地质

　　明代地理学家徐霞客首次登黄山时，未登上莲花、天都二峰，为了却夙愿，他二上黄山，终登顶莲花峰。据《徐霞客游记》中《游黄山日记后》一文记载，莲花峰"居黄山之中，独出诸峰之上，四面岩壁环耸，遇朝阳霁色，鲜映层发，令人狂叫欲舞"，群峰簇拥下的莲花峰宛若一幅画卷。此外，明代诗人吴怅也曾有诗赞莲花峰云：

一种青莲吐绛霞，

亭亭玉立净无瑕。

遥看天际浮云卷，

露出峰顶十丈花。

　　徐霞客的日记和吴怅的诗生动地描写了莲花峰峰耸入云、似莲花怒放的情景，令人流连忘返，叹为观止。

莲花峰

莲花峰的由来还有一个美丽的传说，相传观音菩萨曾奉佛祖之命下凡巡游，乘坐莲花宝座巡游至黄山时，受到山上花鸟神兽等生灵的朝拜。观音大士见此处山高水长、钟灵毓秀，于是十分留恋，不愿离开，将佛祖交代的任务忘得一干二净。不久后，因未遵法旨及时回西天复命，

可持续发展 可持续发展是指既能满足当代人的需要，又不对后代人满足其需要的能力构成危害的发展。这是当前人类社会保护地球环境的总体原则。可持续发展的概念1987年在联合国世界环境与发展委员会的报告《我们共同的未来》中正式提出，该报告对可持续发展做出了比较系统的阐述，并在世界范围内产生了广泛的影响。可持续发展的三大原则是公平性原则、持续性原则和共同性原则。我国实施可持续发展战略，其基本要求是人与自然和谐相处，认识到人类对自然、社会和子孙后代应负的责任。

佛祖派人来捉拿观音。观音与众僧斗法，在山上生灵的协助下，大败佛祖使者。佛祖大怒，于是，将其逐出西天，贬往穷山恶水的南海。观音大士不忍离去，便将自己的莲花宝座化作山峰，永居此处，于是就有了现在的莲花峰。当然，从科学角度看这些传说是不正确的、虚构的。

我国古代很早就有"数罟不入洿池""斧斤以时入山林"的说法，这是可持续发展思想的体现。今天的中国人也在践行这样的理念，为更好地保护自然风光、实现黄山风景区的可持续发展，让我们的子孙后代也能欣赏到跟我们当今一样的美景，黄山风景区管委会安排天都峰和莲花峰轮流"值班"开放（轮值周期为五年），封山育林，以实现生态恢复。

云海中的莲花峰

## 三、光明顶

黄山上还有个光明顶，山顶地势平坦，故以"顶"命名，是典型的穹状山峰。如果说莲花峰是一朵青莲，天都峰像一只苍龙，光明顶则似一位憨佛侧卧在山顶。光明顶因高旷开阔、日照时间长而得名。在黄山三十六大峰和三十六小峰中，光明顶是唯一一个以"顶"、而非"峰"命名的山峰。金庸的武侠小说《倚天屠龙记》中有六大门派围攻光明顶的故事，但此光明顶非彼光明顶（小说中的光明顶位于昆仑山）。光明顶海拔 1860 米，在三大主峰中高度排名第二，上面的岩石种类同莲花峰和天都峰一致，均是花岗岩。

在黄山的几大主峰中，光明顶相对平缓，攀登难度最小。民间素有"不到光明顶，不见黄山景"一说。登黄山，如果机缘不巧合，未能登上天都峰与莲花峰，那么至少要登一下光明顶才会无憾。

远眺光明顶

　　光明顶因同时兼具高海拔、地势平坦的特点，是俯瞰黄山花岗岩地貌及观测云海、日出（落）、"佛光"景象的绝佳去处。作为绝佳的观景点，光明顶吸引了一大批文人墨客来访，催生了一大批优质的文学作品。如 2016 年发表的一篇以《登黄山光明顶》为题的诗（作者郑松凡），很形象地描绘了光明顶的雄伟气势，该诗如此描述：

迤逦山峦气势雄，
巍然屹立傲苍穹。
九回小道天梯险，
万丈悬崖云海笼。

光明顶连接黄山前山和后山的通道，是黄山的咽喉，因身处要塞，故常年有人值守、全年无休，它比天都峰和莲花峰要辛苦一些。此外，光明顶还身负极为重要的科学观测任务——气象观测。光明顶上建有气象站，为黄山的气象观测提供气象服务。游客们每天看到的黄山天气预报均出自该气象站，该站也是我国华东地区海拔最高的气象站。

光明顶海拔高度指示碑

光明顶上的气象站

# 第二节 黄山怪石

在祖国大地上，我们有五岳镇守，它们的地位很高。与之相比，黄山拥有极为特殊的名望。在我国诸多名山中，为何黄山拔得头筹？这是因为傲视天下的黄山五绝共同造就了这座旷世奇山的美。神奇的"松"、多变的"云"、流动的"泉"和婀娜的"雪"，都离不开"怪石"的呼应与衬托。奇峰与怪石相伴，奇峰上必有怪石，黄山是大型的天然巧石博物馆，这些怪石以它们自己独有的方式向世人诉说着黄山的美。

## 一、怪石概览

黄山怪石属于造型石。在小学二年级语文课本上有这样一篇课文——《黄山奇石》，讲的就是黄山上的各种奇形怪状的岩石。在峰林之中，怪石星罗棋布，巧中见怪，怪中见巧——人们常用"巧得怪、怪得奇、奇得美"来形容。相传黄山上具有观赏价值的怪石有 1200 多处，康熙年间编撰的

《黄山志》正式记载定名的怪石有42块，新版《黄山志》中选定的怪石为121处。

黄山怪石的命名，或依其神韵，或取其故事传说。按照定名的依据，黄山怪石大体可分为如下几类：

（1）因形似某种物体命名，如"仙桃石""杵臼石""净瓶石""镜子石""琴台石"等。

（2）以形似某种动物命名，包括飞禽、走兽和水族，如"老鹰抓鸡石""象鼻石""犀牛望月""鲫鱼背""鳌鱼吃螺蛳"等。

（3）以人物命名，包括特指和非特指的人物，如"仙人晒靴""老僧入定""十八罗汉朝南海""郑公钓矶""武松打虎""姜太公钓鱼"等。

（4）以组合景观命名，包括石—石组合、石—松组合、石—峰组合、石—松—云组合等，如"双猫捕鼠""梦笔生花""鳌鱼驮金龟""苏武牧羊""蓬莱三岛"等。

## 二、怪石成因

中国名山很多，为何只有黄山上的石头独得一个"怪"字？这要从黄山独特的地质构造——节理说起。

黄山的节理极为发育，水平节理使山体相对较缓，但在垂直节理比较发育时，被切割的岩石和山体会比较陡峭，山上的怪石"仙人晒靴"就是这样形成的。黄山"前山雄伟、后山秀丽"的地貌特征，也是因为前山节理相对稀疏而后山节理密集所致。

节理会对岩石进行比

节理 地壳是运动的，有时垂直，有时水平，这些运动会对岩石产生相当大的作用力，可导致岩石断裂。在地质作用下，岩块发生一系列规则的小型断裂构造，但破裂面两侧岩块没有发生明显的位移，此破裂称为节理，属于断裂的一种形式。这就像放在地上的一块玻璃，我们一脚踩上去时，这块玻璃就会破碎，但是玻璃碎片依然拼在一起。节理是岩石中非常普遍的一种地质构造，节理之于岩石就像刀切豆腐一样，会对岩石进行"切割"。节理在黄山山体上极为发育，有垂直的，也有水平的。不同方向、不同角度的节理会对山体的形态产生决定性影响。

较规则的切割，如果岩石上只有节理作用，岩石的形状应该比较规则，可是为什么黄山上会形成这么多形状极不规则的怪石呢？这又不得不说到风化、流水和植物的作用。

正如前面章节所述，风化作用会对岩石进行改造，如在夏季白天时，岩石表面温度有 40～50℃，但是内部温度只有 10～20℃。这样，表面岩石会膨胀，在风化层和未风化层之间形成一道裂缝。在晚上时，正好相反，岩石内部温度高，外面温度低，表面岩石会收缩，同样会进一步破坏岩石。此外，黄山海拔很高，故山体周围多雾，极易形成降水。形成的降水会在重力的作用下进入到岩石裂隙，日复一日、年复一年地不断对岩石进行侵蚀，最终将棱角分明的岩石打磨成各式各样的形状。另外，以生命力极强的黄山松为代表的植被能够在岩石的裂隙里生长，在生长过程中，这些植被的根也会对两侧的岩壁产生很强的作用力。这种作用力也能够将岩石碎片剥落，进一步加剧岩石的侵蚀。

山体上近水平和垂直的两组节理

简单来说，形成节理的作用力就像地球的"内功"，风化、流水和植被的作用就像地球的"外力"，它们日日夜夜地作用于黄山的花岗岩上。就这样，在"内"加"外"和"白"加"黑"的持续作用下，共同造就了享誉天下的黄山奇石。

垂直节理把岩石"切割"成石柱（仙人晒鞋）

　　时光荏苒、岁月变迁。千百年来，这些奇石阅尽了人间沧桑、看尽了世间繁华，它们以自己独特的方式向世人展示着大自然的神奇与伟大。下面我们选取黄山上最具代表性的几块怪石进行介绍，以期管中窥豹，洞见黄山之美。

长在石头缝里的黄山松

## 三、怪石代表

### 1. 飞来石

"飞来石"是位于平天矼西端峰头上的一块岩石。这是一块巨大的花岗岩，高约 12 米、长 7.5 米、宽 2.5 米，重量约 360 吨。其与下部平台接触的面积很小，且无"石根"（散落在平台上），由岩石节理切割而成。远观该巨石，似从天外飞来，故名"飞来石"。

飞来石的神奇之处在于，从不同的角度观望，其形态差异极大。从侧面远看"飞来石"，它似一倾斜的石柱，似乎将要跌向万丈深渊，令人惊叹不已；但从另外一个角度看时，"飞来石"又像一颗仙桃，所以"飞来石"又称"仙桃石"。

据康熙十八年《黄山志定本》记载，黄山上另有两处飞来石，一个位于翠微峰侧，另一个位于古颖林庵前小峰上。

飞来石（胡奇涛 摄）

## 2. 猴子观海

"猴子观海"是位于黄山北海景区的一处奇石。站在狮子峰清凉台上向北观望，可见远处有一石猴静坐在峰顶，它仿佛在思考人（猴）生，静观眼前的云海起伏，故称"猴子观海"。待云消雾散后，黄山脚下远处的太平县清晰可见，所以该怪石又被称为"猴子望太平"。

民间相传，一只修炼成仙的灵猴爱上了太平县仙源村的一位姑娘，于是化作一位白衣秀士上门提亲。成婚当晚，灵猴酒醉现出原形，姑娘心生怯意，趁深夜逃走。灵猴醒来后寻不见娘子，于是攀上山崖，天天望着仙源村发呆，年深月久，最终化作了一只石猴坐在山顶。

实际上，"飞来石"和"猴子观海"都是由节理不断切割岩石，再加上风化作用逐渐形成的。

猴子观海（又称猴子望太平，胡奇涛 摄）

### 3. 梦笔生花

"梦笔生花"是典型的"石—松组合"类型的怪石，位于北海景区。景区内有一险峻山峰，一株黄山松奇迹般生长在峰顶，怪石与松树连起来犹如一支笔，峰如笔杆，松似笔刷；松树又像一朵花一样，绽放在峰顶，故名"梦笔生花"。清朝诗人项黻曾撰诗赞曰：

> 石骨棱棱气象殊，
>
> 虬松织翠锦云铺。
>
> 天然一管生花笔，
>
> 写遍奇峰入画图。

"梦笔生花"也是在地质作用下形成的，即垂直节理将山体切割成"石柱"，"石柱"顶部又碰巧发育裂隙，为松树的生长提供了条件，从而形成了此奇观。另在"天鹅孵蛋"怪石附近，有一棵伞状石松，覆盖在一石柱上，人称"小梦笔生花"。

梦笔生花

仙人晒靴

**4. 仙人晒靴**

在西海排云亭处远观，不远处可见一块怪石，顶面像鞋底一样平整，总体形似古代人所穿的靴子，倒置在石台上，十分惹眼。这块巨石长 1.5 米，宽 1.2～2 米，高 2 米，重约 12 吨。巨石在长期的地质作用下，下部岩石剥落，上大下小，重心偏移，看起来十分惊险。黄山自古是仙人的道场，这块巨石就像一只刚被洗过的仙人靴子在晾晒，故称"仙人晒靴"。

**5. 仙人背包**

"仙人下棋""丞相观棋"和"仙人背包"是一组景观，位于上升、始信两峰间。在"仙人下棋"景点旁边，有一巧石似仙人，眼睛、鼻子、耳朵、嘴巴栩栩如生，头戴一顶乌毡帽，背负一袋宝物，人称"仙人背包"。

仙人背包

**6. 象鼻石**

"象鼻石"是以走兽命名的怪石，在玉屏楼右前方，几十米外就是鼎鼎大名的"迎客松"。这块巨石上有一翘起的石柱，整体远观似一头蹲伏的大象正在伸长鼻子仰天长啸，故名"象鼻石"。相传，这头"大象"正是普贤菩萨的坐骑六牙白象。

象鼻石阳刚向上，雄奇奔放，许多艺术家在这里进行创作，象身上现有"奇观""岱宗逊色""石象""气象万千"等多处摩崖石刻。

象鼻石

### 7. 松鼠跳天都

耕云峰有这样一块惟妙惟肖、栩栩如生的巧石，外形似一只活泼可爱的小松鼠，它想要跃过万丈深渊到隔壁的天都峰上去玩耍，于是趴在一块巨石上，正准备蓄力跳向高耸入云的天都峰，故名"松鼠跳天都"。该奇石实为一块"摇摆石"，由节理和风化共同作用形成。

因篇幅有限，上面仅列举了具有代表性的一些怪石，更多怪石等待大家亲自去寻找、发现和命名！

松鼠跳天都

# 第三节　黄山古冰川遗迹

我们的地球有 46 亿年的历史，其形成之初为炽热的岩浆海，然后慢慢冷却，逐渐形成了固体地球并演化至今。在这过去的 46 亿年中，地球孕育了神奇的生命，也经历了从沧海到桑田的多次变迁。气候变化是地球历史的一部分，经历了大幅度的变化。在几十万年前，中国东部山区曾广泛发育冰川。民间有种说法"凡走过，必留下痕迹"。虽然我们在今天的黄山上看不到冰川，但是气候的变迁会在黄山的岩石和地貌上留下冰川存在的线索，接下来我们一起来了解一下冰川的相关知识和黄山的冰川遗迹。

**相关链接**

**气候变化**　气候是指大气物理特征的长期平均状态（一般为30年），气候变化是一种长期的变化。在地球历史上，地球气候的变化幅度相当大。我们把气候温暖、冰川消退的时代称为间冰期，气候寒冷、冰川发育的时代则被称为冰期，冰期–间冰期的温度变幅可达几十摄氏度。目前的地球处于间冰期。近现代以来，人类的活动释放了大量的二氧化碳、甲烷、氧化亚氮等温室气体，这些气体可以吸收热量，将一部分来自太阳的能量拦截在大气层，导致地球表面升温，即温室效应，从而加剧地球的变暖过程。人类活动在一定程度上干扰了自然界的气候变化，并成为一种重要的地质作用。

## 一、什么是冰川

我们知道，冰川是固态的水，主要发育在比较寒冷的地方。地球上哪些地方比较冷呢？你一定能猜到是南北极，那里发育的冰川叫作大陆冰川。实际上，除南北极外，地球上还有一些地方可以发育冰川。一般来说，近地表的大气温度会随着高度的增加而下降，所以在一些高山上，气温可以下降到冰点以下，此时的降雪不会融化，从而也可以形成冰川，这种冰川我们称之为山岳冰川，比如我国青藏高原、云贵高原的很多高山上就发育了很多山岳冰川。

冰川是怎么形成的呢？很多人认为冰川是由雪融化成水，然后再固结成冰，从而形成冰川。实际上，这是一种错误的认知。科学家研究发现，冰川其实是由雪直接被"压"成冰的，并没有经过液态水的阶段。雪花降落到地表之后，像被子一样覆盖在山体之上，形成积雪层，持续不断的降雪使得积雪层不断积累变厚，有时厚度可达数千米。在这个过程中，积雪被不断挤压，导致孔隙率逐渐下降（气体含量降低），慢慢被压成雪粒，雪粒又进一步在压力的作用下变成颗粒状的粒雪，最后变成冰川冰。冰川活动可以指示气候变化。在地球历史上，曾经出现过相当寒冷的时期，冷到冰雪（川）足以覆盖整个地球，科学家将那时的地球称为"雪球"。根据研究，雪球在地球历史上曾出现至少三次。

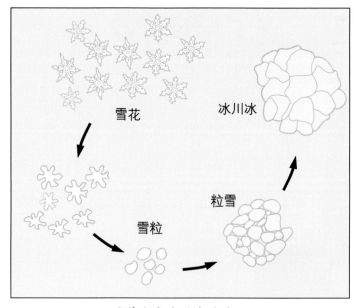

雪花变成冰川冰的过程

## 二、冰川活动

冰川是由"冰"组成的，所以很容易理解冰川这个词里面有个"冰"字，可是又为什么会有个"川"字呢？这就不得不提到冰的运动。《说文解字》对"川"的解释为"贯穿通流水也"，即"川"表示沟壑间的流水。其实，山谷中的冰也会在重力的作用下慢慢运动（尽管运动速度很慢），从长时间尺度来看，冰会像水一样在山间流动，所以称其为"冰川"。

山谷中流动的现代冰川

冰川具有一定的强度，在运动过程中会磨蚀岩石和山体，从而形成比较特殊的冰川地貌。自然界中的很多物质都有侵蚀能力，比如水和风，它们的作用力会把岩石磨得更为圆润。但是冰川不一样，它会像锉刀一样把山峰磨得很尖，这是冰川侵蚀地貌最为典型的特征。

对于科学家来说，冰川是一种很有用的天然载体，它是记录地球历史的书本，可以告诉我们气候冷暖的变迁。如果冰川范围扩大，我们就知道地球的气候在变冷；反之，气候则在变暖。此外，冰川在形成过程中，可将少量气体封存起来。对于科学家来说，这是极其有意义的，它可以告诉我们地球

现代冰川地貌（角峰）

历史上大气中不同的气体含量。利用这样的方法，科学家通过分析南极的冰川，发现在过去的上百万年中，大气中的二氧化碳含量呈周期性的变化——那是地球在呼吸。通过研究冰川，科学家发现离我们最近的一次冰期发生在两万年前，当时的地球气候非常寒冷，地球环境与现在大不相同，比如海洋中的水会转移到冰川中，导致海平面下降。两万年前台湾海峡还未被水淹没，台湾岛与祖国大陆直接连在一起，中国的南海则更像一个超大的湖。著名的动画电影《冰河世纪》讲的就是在这次冰期时，动物们因为气候过于寒冷而向温暖地带迁移所发生的故事。

## 三、黄山冰川遗迹

过去的 260 万年被称为第四纪，在此期间，地球大气的温度像人的心电图一样规则地上下波动，时冷时热。根据科学家的研究，我国东部在第四纪时至少存在四次冰期。最早提出黄山上曾广泛发育冰川的科学家是李四光，他的观点在当时引起了国内外地质学家的极大关注。李四光先生认为黄山在第四纪时曾有过大范围的冰川活动，主要的证据如下：

### 1. 冰川巢穴——粒雪盆

粒雪盆也称冰窖，是冰川的储藏室和发源地。粒雪盆是一个较为平坦的洼地，三面环山，犹如一个超大的簸箕。因地势低洼，粒雪盆是很好的冰川仓库。待积雪或冰川填满整个洼地时，犹如巨蟒出巢一般，从山谷流出，形成山谷冰川。目前，仍然可以在黄山上观察到多处粒雪盆遗迹，如在光明顶俯览，可看到北海狮子林粒雪盆，那是遥远的冰川在向现代人诉说它曾经的辉煌。

北海狮子林粒雪盆

## 2. 案发现场——冰川擦痕

在温度极低时，冰川的强度与岩石无异，运动的冰川会在岩石上留下条形的刻痕，这些刻痕被称为冰川擦痕。冰川擦痕是冰川活动最为直接的证据，可谓冰川的"作案现场"。慈光寺（今慈光阁）谷壁上的冰川擦痕最为典型，此处擦痕位于青鸾峰半山腰处，共有数条，且互相平行，向下游倾斜。每条宽 10～20 厘米，

冰川擦痕油画（摄自李四光纪念馆）

长 5～10 米不等，那是冰川在岩石上的"画作"。这些擦痕由李四光在 1936

年发现，是黄山古冰川最为直接的证据。慈光阁附近的冰川擦痕被后人创作成油画，作品现存放于北京李四光纪念馆。

### 3. 冰川残骸——"U"型谷

河水在沟谷间流动时，常把山谷下切呈"V"字形。冰川与河流不同，其侵蚀能力更强，在山谷间运动时，就像推土机一样，把山间的碎石一股脑全都"铲"走，从而形成相对宽缓的山谷，形似字母"U"，故称"U"型谷。慈光阁所在的山谷就是典型的"U"型谷，谷壁陡峭且光滑，谷底后被流水切成"V"字形。据考证，像慈光寺这样的"U"型谷在黄山前山共有五条，这些冰蚀谷相互平行，峰、谷相间排列。

冰川作用形成的慈光寺 U 型谷

### 4. 冰"削"地貌——刃脊、角峰

冰川具有极强的侵蚀能力，它会像刀一样从各个方向对山体进行刨蚀、打磨。如果冰川从山体两侧进行侵蚀，最终会形成一条尖尖的山脊，形似刀刃，在地貌学上称为"刃脊"。黄山上最知名的景点之一——天都峰上的一段山脊，最窄处不足一米宽，因过于陡峭险峻，这段路被古人称为"毒龙背"，大概是因为听起来不太吉祥，故被今人改称为"鲫鱼背"。它是典型的刃脊，这应该是中国最知名的一条冰川刃脊了！

假如冰川从几个方向同时对山体进行侵蚀，就像我们平时削铅笔一样，则山体会被刨蚀成拔地突起的锥状或金字塔状山峰，地质学家称其为"角峰"。黄山上三大主峰之一的天都峰在地貌学上就是角峰，它犹如一把宝剑，直插云霄，甚为雄伟壮观。

除了粒雪盆、冰川擦痕和冰川侵蚀地貌外，地质学家还发现了一些其他的证据。例如冰川像推土机一样把山谷中的碎石推到冰川融化的地方，形成杂乱无章的冰川堆积，冰川在岩石上刨出的大坑、冰川搬运的巨大石块等现象，都在告诉我们这里曾经发育过冰川。更多冰川活动的证据等待大家在游览黄山时自己去寻找！

黄山上的角峰——天都峰（左）

# 第四节　荧幕上的黄山

人类源于自然，是大自然的组成部分，人类的文明搭建在自然的地基上。在此基础上，衍生出了科学、文化和艺术，这些都是人类智慧的结晶。黄山是重要的自然景观资源，围绕黄山的自然风光，书法家、画家、作家、雕刻家以及影视艺术家等从不同侧面展开创作，还将部分作品搬上了荧幕。本节以具有代表性的影视作品为例，介绍黄山的自然资源及其衍生品带给人的精神上的享受。

**相关链接**

**自然资源**　自然资源是指自然界中可用于人类生产和生活的物质，是人类社会生存和发展的基础。黄山是世界地质公园，是世界人民的共同宝贵遗产，拥有各类丰富的自然资源，包括土地资源、水资源、生物资源、气候资源等。自然景观也是一种资源（即风景资源），是能够引起人们进行审美与浏览活动，可以开发利用的自然资源的总称，是在长期的自然地理环境的演变之中形成的。自然景观是最为珍贵的自然资源之一，可进一步划分为地貌景观类、水域风光类、天气气象类和生物景观类。

## 一、红楼梦

1987 年版《红楼梦》片头，图中背景为黄山飞来石（也称仙桃石）

《红楼梦》是我国四大古典文学作品之一，作者是清代作家曹雪芹（前八十回）和高鹗（后四十回）。这部巨著是我国文学史上的巅峰之作，近现代以来涌现出一大批研究《红楼梦》的专家学者，甚至产生了一门独立的学问——红学。黄山与《红楼梦》结缘于 1987 年版同名系列电视剧，这部电视剧被誉为"中国电视史上的绝妙篇章"和"不可逾越的经典"。《红楼梦》还有一个别名——《石头记》，剧中记载整个故事的石头就取景自黄山的"女娲补天石"，这块黄山上的石头为该剧增色不少。

据《山海经》记载，在上古时期，火神祝融和水神共工大战，共工战败后，一怒之下撞倒了撑天的不周山，导致天河水泄至人间，人间陷入汪洋。为拯救人间，女娲娘娘在大荒山无稽崖炼成 36501 块五彩石。女娲在补天时，用了其中的 36500 块，只单单剩了一块未用。于是她便将最后一块补天石遗弃在大荒山青埂峰下，这便是黄山上的知名奇石——飞来石，又称仙桃石。这块仙石经女娲娘娘锻造，灵性已通，因独见自己未入选补天，十分失落，于是化作一块宝石，到人间走了一遭，这便有了旷世奇作《石头记》。此石出现在 1987 版《红楼梦》开篇的镜头中，是整部作品的灵魂。

　　飞来石的由来还有另外一个版本，相传宋代一位石匠修建一座石桥，无奈石料不够。他的女儿准备捐身修桥，神仙铁拐李听说后，深受感动，他使用法力搬运了很多巨石到桥边。待石料已够时，尚有一块巨石未落下，铁拐李见黄山风景秀丽，便将这块巨石落在了黄山上。女娲娘娘补天剩下的也好，铁拐李搬过来的也罢，这些故事都是传说，并无真实性可言，但这丝毫没有改变人们对飞来石的崇拜与信仰。一代代徽州人，都愿意相信这些故事，一年年来不计其数游览黄山的游客把这些感人的故事带往世界的每个角落。

　　飞来石散落在一个花岗岩平台之上。飞来石远远望去看似不大，但它是一块名副其实的巨石（岩石为花岗岩），重量达数百吨，尺寸接近一间中型会议室。

　　尽管黄山上的"飞来石"并非专业术语，但它与地质学上的概念不谋而合，堪称科学与艺术相融合的典范。地质学中也有"飞来石"的概念，其本意为某处的岩石，在地质作用的影响下，被搬运至很远的地方，爬到别的岩石之上。随着时间的流逝，搬运来的岩石不断被风化、剥蚀，剩余的体积越来越小，最后只剩下一块与下面岩石无直接关系的孤零零的岩石，似乎被人拎至此处，便形成了飞来石。

飞来石远观

## 二、卧虎藏龙

电影《卧虎藏龙》剧照（摄自翡翠谷风景区）

　　电影《卧虎藏龙》同样与黄山有着很深的缘分。该影片是 2000 年上映的一部武侠动作电影，由著名华人导演李安执导，周润发、杨紫琼、章子怡等联袂主演。《卧虎藏龙》曾荣获第 73 届奥斯卡最佳外语片奖，是华语电影历史上首次获得奥斯卡金像奖奖项。出现在电影中的美丽的黄山景色，令无数观众折服。

黄山翡翠谷花镜池，演员在拍摄《卧虎藏龙》

　　《卧虎藏龙》的取景地之一是黄山东南缘的一处峡谷——翡翠谷，该地是黄山风景区的组成部分。翡翠谷中分布着上百个形态各异、大小不一的彩池，池水随光线变化，色彩变化万千，如翡翠镶嵌在山谷中，故称翡翠谷。影片《卧虎藏龙》中的多个镜头，如竹梢打斗、飞瀑踏波等片段都拍摄于此。

呈 V 字形的翡翠谷

翡翠谷是名副其实的月老，因此它又被称为"情人谷"，以爱情主题广为人知。有这样一段佳话：1988年，上海36位青年男女在黄山游玩时邂逅于此、互生情愫，10对姻缘得以促成。从地质的角度来说，翡翠谷是一条"V"字形河谷，由河流经过数十万年冲刷而成。来自黄山山顶的雨水沿裂隙向山下流动，在这个过程中不断侵蚀岩石，使细沟变深、加长，由于地处河谷上游，河水的下切作用逐渐形成了一条"V"字形的河谷。翡翠谷两侧群峰竞秀、怪石嶙峋，并生长着大片毛竹。时光飞逝，电影《卧虎藏龙》已成经典，始终不变的唯有那潺潺的流水、碧绿的潭池以及这个地方流传的美好爱情故事。

花镜池

## 三、阿凡达

除了华人影视作品外，另有一部世界知名的外语电影也纳入了黄山元素，这部影片就是 2009 年上映的 3D 科幻电影《阿凡达》。《阿凡达》是世界知名导演詹姆斯·卡梅隆执导、二十世纪福克斯出品的影片。该影片使用了 3D 技术拍摄，耗资 5 亿美元，成本颇高。《阿凡达》总票房达 27.87 亿美元，占据电影史票房榜第一名长达 10 年之久，直到 2019 年才被《复仇者联盟 4：终局之战》超越。它也是一部带有浓厚环保主义色彩的影片，其寓意为崇尚自然、倡导人与自然和谐共处、爱护我们的地球。

电影《阿凡达》中的哈利路亚山

导演卡梅隆在 2009 年出席该影片中国区首映礼时，曾提到影片中的哈利路亚山的原型来自中国黄山。据卡梅隆导演透露，《阿凡达》剧组曾派人到黄山取景，他看过取回来的黄山影像后赞叹不已，于是将黄山元素融入电影中悬浮在空中的哈利路亚山。经三维动画工程师加工处理后，3D 版的哈利路亚山便呈现给观众，神似云雾缭绕下的黄山。《阿凡达》获奖无数，曾提名奥斯卡最佳影片，最终获奥斯卡最佳摄影、最佳视觉效果、最佳艺术指导三项大奖，获得第 67 届金球奖最佳导演、最佳剧情片两项大奖。在电影史上，该影片可谓 3D 电影的代表作品，画面堪称魔幻，是电影艺术的上乘之作，也是科技、文化和艺术相结合的典型。

云雾缭绕下的黄山

# 第五节　守护黄山

　　山地环境通常具有复杂的地质结构，且山间天气变幻莫测，因此发生自然灾害的可能性也较大。黄山风景区常见的自然灾害类型包括地质灾害、气象灾害、火灾、动植物灾害等。地球科学的任务之一就是应对这些自然灾害。保护生态环境，追求人与自然的和谐发展，是我们人类努力的方向。下文以山体滑坡和山火为例，介绍黄山风景区的自然灾害及其应对方法。希望通过这种"以管窥豹"的方式，能够让小伙伴们对自然灾害有一个大体的认识。

**相关链接**

**自然灾害**　自然环境处在一个不断变化的过程当中，当自然界的某些变化给人类带来物质损失、财产损失或生命损害时，我们将其称为自然灾害。自然灾害有很多类别，有些灾害过程非常缓慢，比如荒漠化、水土流失、地面沉降、海水入侵，而有的可在非常短的时间内发生，比如火山喷发、地震、滑坡、山洪暴发等。自然灾害的原因可分为两种：一种是自然原因，另外一种是人为原因。

## 一、山体滑坡

　　地质灾害是典型的自然灾害，对人们的生产生活具有较大的威胁。我国地域辽阔，自然地理条件多种多样，地质运动频繁，地质灾害种类多、灾情重。这导致我国成为世界上地质灾害最为严重的国家之一。我国主要的地质灾害类型包括地震、滑坡、崩塌、泥石流、地面塌陷、地裂缝、地面沉降等。根据历年来发布的《全国地质灾害通报》的数据，在所有的地质灾害类型中，滑坡的数量一直都排在第一位。单在 2019 年，我国发生地质灾害的数量就高达 6181 起，其中，滑坡的数量为 4220 起。

　　滑坡是指岩石或土壤在重力的作用下，沿一定的软弱面"整体"向下滑动的现象。黄山山体较为陡峭，部分岩石表面风化严重，也容易发生山体滑坡。如 1991 年，山体滑坡导致数千名游客被困山中。1996 年，百丈泉公路发生塌方、滑坡，致使交通中断长达 8 天之久，造成一辆小车被毁、两人伤亡的惨重事故。2014 年，黄山风景区南大门附近发生山体滑坡，一栋五层酒店被推出十余米，两人被埋（后被救出）。可以说，应对滑坡是当前黄山风景区地质灾害防治的重点工作之一。

　　如果让我们想办法防治滑坡，我们能想出来什么主意呢？有人可能会想，可以修一堵墙把山上的岩石碎块或者土壤拦住，或者修建一条沟槽将流水引开，再或者用一张大网把山体网住。实际上，科学家和工程师们确实是运用类似的办法来进行防治的。下面我们简单介绍一下黄山风景区内几种典型的边坡防治方法。

　　除了岩石本身外，滑坡的形成与外部环境也有关系，其

黄山西海饭店附近的排水沟

中，降水是诱发滑坡最常见的环境因素。为降低水对滑坡的诱导作用，人们在黄山山体的不同位置修建了很多排水沟，其目的是将土壤中的水引流至沟槽内，以减少水的流动对岩石和土壤的拖拽作用。在突发大雨时，这些排水沟能够在短时间内将大量降水集中在沟槽内，然后汇入溪流，从而大大降低了滑坡的风险。此外，我们也可以将一些水平方向的水管插在挡土墙上，这些小孔被称为"排水孔"，能够将山体内的水引流出来，可以有效降低滑坡风险。

另外一种防治边坡的常见方法是修建挡土墙。挡土墙是指支撑岩石或土壤以防止其整体滑落的墙体，修建挡土墙是防治滑坡最常见、最有效的方法之一。制作挡土墙的材料可以是木材、砖块、石块、混凝土或金属架。此方法在边坡防治中非常普遍，如在黄山北大门处，为降低滑坡对下游村庄和农田的威胁，景区组织修建了挡土墙。该墙体下部为混凝土结构，上部由石块砌成，主要依靠自身重力来维持边坡的稳定。

黄山北大门附近的挡土墙

为了防止岩石掉落，我们还可以在山坡上拉一张很大的网，类似的方法在预防和治理滑坡时也被用到。这张网有时是用钢丝做成，有时是用混凝土浇筑而成。在黄山慈光阁索道上行处附近的边坡治理工程现场，可以看到有一些混凝土浇筑的网格"趴"在山坡上，这些网格叫作格构梁。很多人并不知道的是，这些网格还有很深的"根"，它们像锚钉一样被钉在山坡上，以固定岩石和土壤，这种方式我们称为锚固。这几种方法有时会叠加使用，格构梁下部有砖块制成的挡土墙，挡土墙上安装有排水孔，排水孔排出的水被汇集到道路两旁的排水沟。

慈光阁索道上行处附近边坡的格构梁和挡土墙（墙上布有排水孔）

## 二、森林火灾

黄山拥有十分丰富的生物资源，光植物就有 2385 种，植被覆盖率高达 98.29%。多种多样的生物使得黄山发育了较为完善的生态系统，山体上苍翠欲滴、枝繁叶茂。这些茂密的植被带来了一种潜在的风险——森林火灾。

黄山半山腰处茂密的植被

火灾是森林的大敌，如美国加利福尼亚州山区每年都发生山火（民间称加州山火），山火是该地区最主要的自然灾害之一。单在 2020 年，加州山火肆虐了美国愈 4% 的总面积，经济损失惨重，数十人丧生。澳大利亚的丛林大火更是从 2019 年 6 月一直烧到了 2020 年 5 月，数百人丧生，造成了难以估量的损失。

黄山也曾发生过比较严重的山火。1972 年冬天，一位游客扔的烟蒂引燃明火，导致黄山风景区突发火灾，造成天都峰上约 27 公顷、400 余株黄山松毁于一旦。此后，黄山风景区管理处特地在天都峰脚下竖立一块戒碑，以警示后人。可以说应对森林火灾是黄山风景区风险管理的重要内容。

为降低山火风险，黄山风景区的工作人员建立了两道防线：

一是防雷装置。雷电接触地表后可引燃林木，这是引发山火的重要原因。为避免雷电引发火灾，工作人员在黄山的雷电多发区安装了防雷装置——避雷针。避雷针由富兰克林于 1753 年发明，是一根安装在高层建筑物或山顶的金属针，学名接闪器，其下连接引线并接地。当雷电发生时，接闪器首先将电流引向自身，并将电流传向大地，从而避免着火。所以说避雷针真正的功能不是避雷，而是引雷，即以自身遭受雷击来换取林木的平安。

山顶上的防雷装置

如果第一道防线未能守住，咱们还有第二道防线——消防设备。

消防栓也称消火栓，是一种固定式消防设施，也是黄山上的主要消防装备。这些消防栓连接水源，在遇到森林火灾时，可直接连接水带、水枪灭火。在郁郁葱葱的山林中，绿树、红栓、蓝阀门宛若一幅美丽的画，像一件大自然的艺术品静静地躺在那里，阐释黄山的美。黄山上除建有消防栓外，还建有消防水池，这

黄山风景区内的消防设备

样的水池在黄山上共有 199 个，蓄水量 6000 多立方米。我们在庆幸有这些现代消防设备的同时，更应该感谢专业的防火队伍。他们由武警、公安、民兵等组成，长期活动在一千多米以上的高海拔区，是这座名山的幕后英雄。在各方的共同努力与坚守下，黄山森林防火工作卓有成效。

游客通道旁的防火水池

作为全世界的瑰宝，黄山不但发育了独一无二的地质景观，也孕育了富有特色的生态系统，更是两栖类、爬行类、哺乳类、鸟类等多种珍稀生物的家园。应对自然灾害是保护黄山生态的重要举措。黄山的生态环境需要每一个工作人员和每一位游客来共同守护，相信在大家的共同努力下，黄山生态环境定会有一个更美好的未来。

# 第三章 黄山的物质组成

时间和空间是宇宙万物生存的两个维度，本书第一章简述了黄山在时间上的演化过程。如果从空间的维度来看，黄山说大不大，说小也不小。在前两章，我们是从宏观角度来看黄山，本章则从宏观过渡到微观，即通过阐述矿物和岩石的知识，来理解黄山的物质组成。

# 第一节　地球上的黄山

从不同空间尺度上观看地球会收获不同的体验。从太阳系看地球，地球是一个由两部发动机组成的动力系统；从月球上看地球，地球是一个略带梨形的蓝色椭球；从卫星上看地球，地球上最显著的景观是陆洋对峙的地貌格局；从飞机上看地球，高低起伏、千姿百态的高山深谷，河海湖盆，构成了一幅绚丽多彩的地理长卷，黄山仅仅只是地球众多山系中的一瞥。

**地貌**　地貌是指地球表面各种形态的总称，也称地形。地貌同时受地球内动力地质作用（如地壳运动、岩浆活动等）和外动力地质作用（如风化、剥蚀、搬运等）的控制。内动力地质作用决定了地貌的构造格架，外动力地质作用不断对地表形态进行改造。黄山是典型的花岗岩地貌，其地貌成因有三个：一为地下岩浆冷凝，二为地壳抬升，三为风化剥蚀。研究地球表面各种地形形态、结构及其发生、发展的科学，叫做地貌学。

黄山及周边岩体的卫星遥感影像图

　　黄山及黄山周边的岩浆活动形成了不同的侵入岩岩体，由于岩浆的性质存在差别，导致岩石的种类也不相同。这些岩石化学性质以及抗风化的能力也不一致，所以不同岩性山体的植被分布也不一样，这种差别可以在卫星遥感图片上看出来。

　　根据卫星照片，黄山及其周边岩体的影像特征区别明显，可以根据其影像特征把其空间分布位置圈出，反映出其在地貌特征和岩性上存在差异。黄山岩体（岩性为花岗岩）与其北部的太平岩体，岩性为花岗闪长岩（花岗闪长岩是花岗岩的"近亲"），组成了一个出露面积约 350 平方千米的复式岩体，平面上呈南北向延长的不完整的椭圆状。太平岩体的出露面积较大，约为黄山岩体的两倍。地貌上相对低矮的山丘构成复合岩体的西北部，而黄山岩体则以奇伟峻峭的山体雄踞复合岩体的东南部，成为我国长江水系与钱塘江水系的分水岭和举世闻名的风景名胜区。白垩纪时期，黄山—太平复式岩体空间上受断裂带的控制，岩浆侵入晚元古代到寒武纪的变质岩和沉积岩中。黄山—太平复式岩体与皖南同时期其他复式岩体，比如青阳—九华山（约 750 平方千米）、旌德岩体（约 550 平方千米）和椰桥岩体（约 270 平方千米）等组成了带状分布的风景线，是晚中生代大规模岩浆作用的产物。

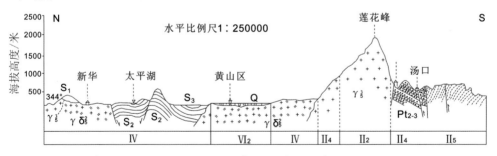

黄山地区地质剖面图（图中不同符号代表不同地质体）

　　黄山有"天下第一奇山"之称。当你攀登黄山，领略黄山之美的时候，你会看到组成黄山的岩石；如果把踩在脚下的黄山岩石带回到室内，通过切割制成一定规格的岩石薄片，在显微镜下你会看到什么？你将会看到黄山岩石的物质组成及其内部结构。接下来我们一起来了解一下岩石和矿物的相关知识。

# 第二节　黄山岩石

世间万物都是由物质组成的，这些物质的空间维度差别很大。小到夸克、原子，大到星系、宇宙，其大小可相差几十个数量级。从物质组成的角度来说，地球科学从元素、矿物和岩石的层面来研究地球。岩石具有极其重要的价值，是地质学家的宝贝。我们回不到过去，但它却可以让我们与数亿年前的地球对话，探索地球的奥秘。

> **岩石**　岩石是地质作用的产物，由一种或一种以上的矿物或岩屑组成的有规律的天然集合体。岩石是组成地质体的基本单元，是科学家直面的第一手地质资料，也是构成岩石圈和地壳的主要成分。按照地质成因，岩石可以划分为岩浆岩（又称火成岩）、沉积岩和变质岩三种基本类型，在不同的地质条件下，每一种基本类型可以进一步细分。这三种类型的岩石可以互相转化。目前，地球上最古老的岩石年龄为42亿～43亿年。

## 一、岩石简介

当你旅行的时候，你也许会观赏到形形色色的石头，这些石头的学名叫岩石。我们一般所说的岩石是指组成地壳和上地幔的固态物质。我国地大物博，风光秀美，岩石更是星罗棋布。对于岩石的研究、开发、鉴赏与利用，我国可谓是佼佼者。大约在战国时期，我国就出现了关于岩石和矿物的著作——《山海经》，这部古老而神奇的著作是世界上最早对岩石加以论述的古籍之一。又如宋代沈括的《梦溪笔谈》记载："太行而北，山崖之间，往往衔螺蚌壳……横亘石壁如带。"其中描述了记载地区的岩石的物质组成和特征。

岩石的种类很多，在日常生活中也很常用。比如，水泥是一种常见的建筑材料，其来源于石灰岩；铺地板常用花岗岩；北京天安门前的华表则是大理岩。科学家一般根据岩石的成因将其分为岩浆岩（又称火成岩）、沉积岩和变质岩。岩浆岩由在地下冷却的岩浆（如黄山花岗岩）或火山喷发形成，沉积岩则是由沉积物固结形成，通常是一层一层的；当岩石处在巨大的压力和温度下时，其成分和结构可能发生变化，此时就形成了另外一种岩石——变质岩。

前面提及的石灰岩就是沉积岩的一种常见类型，而花岗岩和大理岩分别属于岩浆岩和变质岩。在这三种岩石中，岩浆岩最多，占地壳体积的 64.7%；而沉积岩仅占 7.9%，但其在地表分布最广；变质岩的占比介于二者之间。

在人类文明的进化中，岩石起到了非常重要的作用。早在石器时代，我们的祖先为了生存，就已经开始利用比较坚硬的岩石（通常是硅质岩）制作各种简单的劳动工具。目前发现的很多历史上保留至今的名胜古迹，都是以岩石为原料的建筑物，比如举世闻名的万里长城。人类对自然界的不断认识，促进了岩石学研究的不断深入和发展。人们对岩石的性能日益了解，经过加工可以将它们用于建筑、装饰、化工、冶金等诸多方面。比如石灰岩可以制造水泥和塑料；珍珠岩可以用来做绝热和保温材料；玄武岩可以用来制作烧铸石；花岗岩、大理岩因为外观华丽、坚硬耐磨，被人们广泛用作建筑装饰石材。岩石还造就了许多秀丽的自然景观，成为国内外享誉盛名的风景游览区，比如风景秀丽的黄山花岗岩、"山水甲天下"的桂林石灰岩。

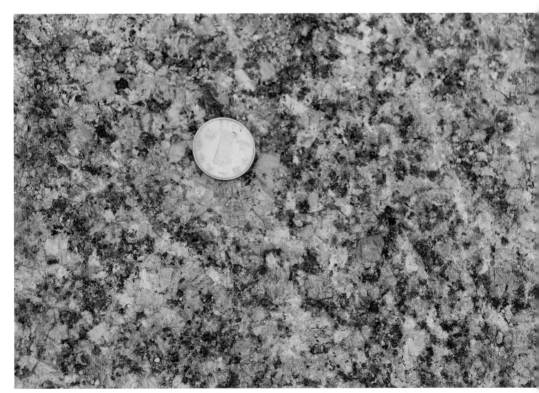

岩浆岩的代表——黄山花岗岩

翡翠谷景区的沉积岩（石灰岩）

皖南的变质岩代表——板岩

假如你有兴趣爬山锻炼身体，或到大山深处旅游观光，通常（假如你留意的话）在岩石剥露区，可以看到一层一层的岩石，就如同一页一页的书，这就是沉积岩。另外，我们可以在一些岩层中看到古生物的遗体或遗迹，地质学称之为化石。因此，沉积岩有两大最显著的特征，即成层性和含化石。

沉积岩是在地壳表层条件下，由母岩的风化产物、火山物质、有机物质等，经搬运、沉积以及成岩等作用形成的岩石。沉积岩是地球表面上分布最广的岩石，地球表面上75%的岩石是沉积岩，它们包括常见的砂岩、石灰岩和页岩，以及不太常见但是众所周知的盐类、铁矿、煤和硅质岩。我们有很多理由要研究沉积岩，首先沉积岩中蕴藏着丰富的资源，世界资源总储量的75%～85%跟沉积岩有关，如煤、石油、天然气、页岩气、地下水、盐、石膏、铀矿、铁矿、铅锌矿等。其次，许多沉积岩本身就是资源，如石灰岩、白云岩、黏土岩等。此外，沉积岩可以帮助我们解读地球的历史，告诉我们地球历史时期的古环境、古气候和古地理的演变。沉积岩中含有的生物化石，更是记录了地球生命起源、灭绝、发展和演化的历史。

黄山地区层状石灰岩（西递石林）

沉积岩中的鱼化石

　　由于温度、压力的改变和流体的作用，固态岩石的矿物成分、化学成分、结构和构造都发生了变化，这种地质作用叫变质作用。由变质作用所形成的岩石称为变质岩。变质岩的原岩可以是沉积岩、火成岩或先存的变质岩。变质岩主体分布在地壳深处，地表较少，它是许多造山带的重要组成部分。认识和研究变质岩具有重要的地质意义，比如通过典型变质矿物的识别可以了解地球深部地质过程，如一些矿物（如钻石）只能在高温高压下形成，可以告诉我们当时的地球处于什么样的环境。变质岩中的矿物还可以帮助我们寻找矿产资源，比如民间有"玉自变质来"的说法，即很多名贵宝石的原料均来自变质岩。此外，不少金属矿产也会经历变质，变质作用使矿变富变大。

典型变质矿物——金刚石（钻石，已打磨）

　　岩浆岩又称火成岩，是三大类岩石的主体。它是炽热的岩浆在地下或喷出地表后冷却凝结而成的岩石，是岩浆作用的产物。岩浆作用不仅为人类（地球）扩大了陆地的面积（如夏威夷群岛就是由火山喷发形成的），带来了丰富的矿产资源——金属矿产（如长江中下游成矿带的铜矿床和皖南钨矿床），产生了美丽的地貌景观——旅游地（如黄山花岗岩地貌，日本富士山火山地貌等），也可以促进宝石的形成，提供热能（热田）。当然，岩浆作用还会引起严重危害人类生存的灾害，比如，火山灾难、生物灭绝等。

　　根据岩浆是否喷出地表可将岩浆作用分为侵入作用和火山作用，相应地形成侵入岩和火山岩（也称喷出岩）两大类岩石。花岗岩是地表能见到的最常见的侵入岩。

花岗岩（黄山玉屏峰）

## 二、黄山花岗岩

　　黄山主体部分是岩浆岩，包括黄山花岗岩、太平花岗闪长岩，它们组成了一套复式岩体。地质学家根据岩体的地貌、结构、岩性以及相互之间的接触关系，将黄山花岗岩岩体分为四个期次。

　　第一期为中粒二长花岗岩，呈灰白色，中粒结构，块状构造，主要由石英、长石组成，另含少量黑云母。这期花岗岩主要分布于温泉和芙蓉岭，岩性相对均匀。

　　第二期为粗粒似斑状钾长花岗岩，似斑状结构是花岗岩中一种常见的结构，通常把粗大的颗粒称为斑晶，而斑晶周围细小的颗粒称为基质。虽然组成基质的颗粒细小，但也能用肉眼辨认出来，因此科学家称其为似斑状结构。这里大颗粒的肉红色长石矿物晶体就是斑晶，有时呈条纹状，其尺寸一般为0.5厘米×1.0厘米，其中包裹了较多的细小斜长石和黑云母。而其周围小

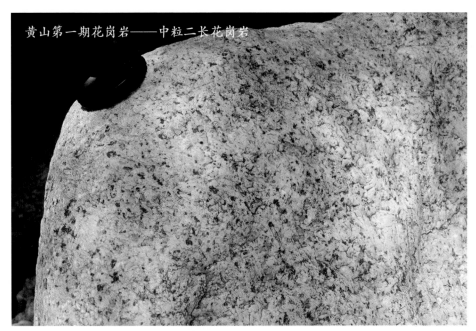

黄山第一期花岗岩——中粒二长花岗岩

颗粒的长石、石英和云母即为基质。第二期花岗岩为黄山岩体的主体部分，由于第二期岩浆活动比第一期要迟，第一期花岗岩碎块可能会掉进第二期的岩浆里，就像从别处掠夺来的岩石一样，称为捕虏体。

黄山第二期花岗岩——粗粒似斑状钾长花岗岩

第三期为中细粒似斑状钾长花岗岩，斑晶成分均为条纹长石，在狮子峰能见到较大的条纹长石斑晶，其尺寸约为 1.5 厘米×4 厘米。从位置上来说，第三期岩浆活动一直冲进第二期花岗岩的中心部位，位于黄山岩体的核心部位。其内部钾长石斑晶也存在一定的方向，这可以告诉我们岩浆侵入的方向和角度。

黄山第三期花岗岩——中细粒似斑状钾长花岗岩

条纹长石大斑晶（狮子峰）

　　第四期为细粒含斑花岗岩，肉红色，细粒结构—细粒含斑结构，主要由钾长石和石英构成，含少量斜长石和黑云母。以小岩株、脉状及一些不规则形状侵入于前三期岩体中。

黄山第四期花岗岩——中细粒花岗岩（光明顶）

　　黄山花岗岩山峰和花岗岩期次之间有一定的关系，第四期细粒花岗岩主要呈穹峰分布在贡阳山（黄山最中心处），向外为第三期中细粒似斑状花岗岩，亦多呈穹状峰、台地、堡峰、石柱和尖峰，分布在黄山中心边沿圈和近外缘圈。第二期粗粒斑状、似斑状花岗岩体多呈各种类型的峰形，如穹状、岭脊状、尖状、柱状和箱状等，分布在更外围，而最早一期（第一期）中粒二长花岗岩分布于温泉和芙蓉岭，在远外缘圈，总体岩体具有"内高外低，内新外老"的特点。虽如此，但这并不意味着它们之间有某种直接关系，因为山峰的高度与侵蚀的方式和时间也有关系，因此要根据实际情况去具体分析。

黄山岩体中水平卸荷节理（光明顶附近）

黄山花岗岩的峰型与地质构造有关。总体而言，黄山花岗岩岩体节理密布，但所见节理多属水平节理，如丹霞峰、炼丹峰、光明顶等中心区；在边沿区则多见垂直节理；而处于过渡地段的莲花峰则兼有水平节理和垂直节理。

黄山岩体中垂直卸荷节理（西海大峡谷）

# 第三节　矿物

地质体是由岩石组成的，而岩石是由矿物组成的，比矿物低一个层级的是原子，这是地球科学研究的三个主要空间尺度。矿物在现实生活中除了有着极为广泛的应用外，有的矿物也很漂亮，经常被作为宝石收藏和展示。

## 一、认识矿物

### 1. 矿物定义及主要特征

在日常生活中，矿物随处可见，比如食盐就来源于岩盐这种矿物，瓷器主要成分是高岭土矿物，玻璃主要来自石英矿物，铅笔芯来自石墨矿物，硫酸主要来自自然硫和黄铁矿，又如人们佩戴的各类金饰用品、珠宝配件也来自各类矿物。

相关链接

矿物　矿物是由地质作用形成的，在正常情况下呈结晶质的元素或无机化合物，是组成岩石和矿石的基本单元。按矿物的化学成分与化学性质，可将其划分为五类：自然元素矿物、硫化物矿物、卤化物矿物、氧化物（氢氧化物）矿物、含氧盐类矿物。矿物用途一是作为原料，用来提取有用的成分，或者直接用以生产其他产品；二是利用矿物的某种特殊性能直接作为材料使用。矿物学是地球科学中研究历史最悠久的分支学科之一。

食盐晶体

　　矿物都具有晶体结构，但在自然界中，还存在在产出状态、成因和化学组成等方面均具有与矿物相同的特征但不具有标准结晶构造的均匀固体，学界将其称为准矿物。准矿物在自然界比较少见，主要有蛋白石、水铝英石等。当然，随着矿物的研究领域扩大，矿物的外延也在扩大，如合成矿物、有机矿物、非晶质矿物等。

石英晶体

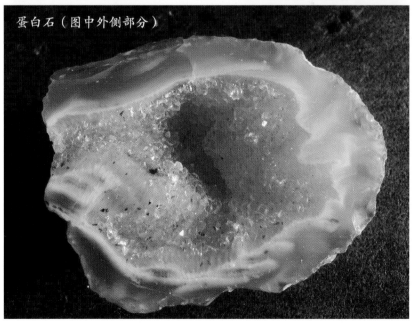

蛋白石（图中外侧部分）

现已被发现的矿物超过 4000 种，绝大多数矿物都可以在地壳中找到。矿物的化学成分基本稳定，但有时会含有杂质。根据矿物的化学成分及化合物的化学性质，可以把矿物分为三大类：（1）自然元素矿物，如石墨、自然金等；（2）分子化合物，如石英（$SiO_2$）、食盐（$NaCl$）、黄铁矿（$FeS_2$）等；（3）复杂分子矿物，如石膏（$CaSO_4 \cdot 2H_2O$）、高岭石（$Al_4[Si_4O_{10}](OH)_8$）等。

大自然是神奇的魔术师，有时候能将一种物质改造成化学成分相同但物理化学性质完全不同的矿物。比如，石墨的化学成分是碳，黑色不透明，具有层状结构，而且很软，但在超高压条件下可变为四面体结构、透明的金刚石（即钻石），变身成为自然界硬度最大的矿物。

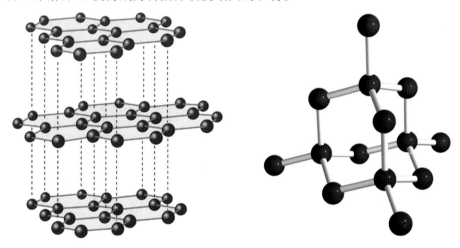

石墨（左）和金刚石（右）的矿物结构

**2. 如何识别矿物**

大千世界，千奇百怪，有数不清的动物、植物，当然也有不计其数的矿物。在生活中，我们可以根据生物的特征来认识动植物。同样地，我们也可以根据矿物的特征来识别矿物。当我们在野外考察、旅游，或在室内观察标本时，一般可根据矿物的性质来对其进行识别和鉴定。矿物的主要性质包括形态、颜色、硬度、透明度等。

不同的人有着不同的面孔，其实不同的矿物"长相"也不相同。一般来说，矿物的形态由晶体结构决定。比如六方柱带锥状的石英，柱状的锂电气石，块状的蓝铜矿，黄铁矿可呈放射状，因此矿物的形态是肉眼鉴定矿物最重要的依据。

锂电气石（柱状）

蓝铜矿（单晶为蓝色块状）和孔雀石（绿色）

放射状黄铁矿

颜色是矿物最重要的光学性质。虽然一种矿物可能会具有不同的颜色，但是很多矿物的颜色相对稳定，可以作为肉眼鉴定特征之一。

硬度也是鉴别矿物的重要依据。在野外工作时，我们可以用手指甲或随身携带的小刀在矿物上刻一下，如果能刻出痕迹，说明矿物比指甲或小刀的硬度小；反之，如果刻不出痕迹，说明硬度比较大。

另外，有些矿物还具有特殊的物理性质，是区别其他矿物的鉴定特征，比如，磁铁矿具有磁性，云母具有弹性，萤石具有荧光等。

## 二、宝石矿物

目前，科学家们发现的矿物已达 4000 余种，其中最常见的有 200 多种，重要矿产资源矿物不过数十种。地壳中常见的矿物仅二三十种，其中石英及硅酸盐矿物占 92%，而石英和长石含量高达 63%。最常见的矿物有方解石、石英、长石、云母等；常见的贵重的矿物有钻石、金、银等；常见的可作为工业原料的矿物有磁铁矿、黄铜矿等；常见的可作为药用的矿物，如辰砂、雄黄等。

还有一些矿物经过加工，可用于装饰，这些矿物被称为宝石矿物。

宝石矿物的主要特点：一是晶莹艳丽，光彩夺目，即矿物的颜色和光泽优良；二是质地坚硬，经久耐用；三是稀少，即矿物产出量低。

钻石

现有宝石矿物主要有 20 种，最贵重的宝石有四种：钻石、蓝宝石、红宝石和祖母绿，被称为四大宝石。其中，钻石的矿物学名称是金刚石，蓝宝石和红宝石是刚玉，而祖母绿在矿物学上属于绿柱石。其他的宝石矿物有金绿宝石、碧玺、托帕石、翡翠、欧泊、青金石、绿松石、孔雀石、鸡血石等。

红宝石（左）和蓝宝石（右）

祖母绿

钻石被称为宝石之王，目前世界上已有 30 多个国家拥有钻石资源，年产量 1 亿克拉（1 克拉等于 0.2 克）左右。钻石产量前五位的国家是澳大利亚、扎伊尔、博茨瓦纳、俄罗斯、南非。在中国，钻石产地主要分布在辽宁、山东和湖南，其中山东的钻石个头较大，辽宁的质量好。辽宁瓦房店有目前亚洲最大的金刚石矿山。

1866 年，南非一个名叫丹尼尔的人带他的孩子到朋友家中做客，孩子们在河边玩耍时，无意中拣到一颗 21.25 克拉的钻石，这让丹尼尔激动不已。1869 年又有人在这条河边发现一颗 83.5 克拉的宝石级钻石。此后，人们沿河及其支流找到砂矿，又逆流追索找到了钻石矿——世界著名的金伯利、德比尔斯、伯特斯坦三个大金伯利岩筒。

## 三、黄山花岗岩中的矿物

风景秀丽的黄山的主体由燕山期花岗岩组成，无论黄山花岗岩的类型是钾长花岗岩或是二长花岗岩，其组成矿物主要都是石英、钾长石、黑云母和斜长石，另外还有一些含量很低的矿物（科学家称之为副矿物），如锆石、磷灰石等。虽然组成黄山花岗岩的矿物用肉眼看平淡无奇，但当在显微仪器中放大至一定的倍数时，你就会发现一个完全不同的、精彩奇妙的世界。下面主要介绍黄山岩体中代表性矿物的宏观特征和微观特征。

## 1. 石英

石英常呈单个晶体和集合态（晶簇），有时呈块状，有时呈粒状集合体，硬度较大。黄山岩体中的石英多为无色透明、粒状，表面多具有明显的油脂光泽。石英是黄山花岗岩最主要的矿物成分，多数情况下肉眼可见。虽然小颗粒的石英在肉眼观察下平平无奇，但在显微镜下却是另外一番斑斓的景象。

黄山花岗岩中的石英（肉眼可见）

显微镜下黄山花岗岩中的石英

纯净的石英无色透明，被称为水晶。石英混入杂质时可呈现一定的颜色，如含微量铁离子呈现紫色而变成紫水晶，含微量铬离子则呈淡粉红色变成蔷薇水晶。

水晶

岩石中的晶体有时长得很大，肉眼可见（科学家称之为显晶质），但有时晶体很小，肉眼看不出来，晶体像藏起来了一样，被称为隐晶质。鼎鼎大名的黄山玉，其主要成分就是隐晶质石英。这种石英被称为石髓（玉髓），属于宝石的一种，常呈肾状、钟乳状及葡萄状等集合体，一般为浅灰色、淡黄色及乳白色，偶有红褐色及苹果绿色，微透明。玉髓主要的颜色以白到透明的较为普遍，具有蜡状光泽。也有其他颜色鲜亮的品种，如红玉髓、澳玉、蓝玉髓。

黄山地区的玉髓（左）和玛瑙（右）

具有多色条带或花纹的玉髓称为玛瑙。玛瑙呈半透明或不透明，具有特殊的光泽，常见条带状构造和同心环状构造，颜色繁多，深浅不一。按照颜色分类可将玛瑙分为黄玛瑙、白玛瑙、黑玛瑙、红玛瑙、绿玛瑙等。黄山地区可以见玉髓和黄玛瑙类宝石。这里需提及的是，优质玛瑙一般具有玻璃和油脂光泽，色泽鲜艳，自然纯正，表面纹理规整顺畅，各颜色之间层次分明，条带明显。相比之下普通玛瑙的颜色以及光泽要逊色不少。天然玛瑙由于硬度较大，雕刻加工的难度相比于其他的玉石要高。

**2. 长石**

长石主要包括钾长石和斜长石。其中钾长石单晶为短柱状或不规则粒状，集合体为块状，常为肉红色、浅黄红色及白色，具有像玻璃一样的光泽，硬度较大。黄山花岗岩中能够以肉眼看见的钾长石多为肉红色，玻璃光泽，多为板柱状，表面见有裂隙，晶体大小一般在 1.5～2.5 厘米，最大可达 6 厘米，内部包裹有颗粒细小的斜长石、黑云母矿物。

黄山花岗岩中钾长石的野外照片

显微镜下钾长石主要为微斜条纹长石，无色或者灰白色，多为板柱状。除钾长石外，黄山花岗岩中还有斜长石，其单晶体为板状或板条状，常为白色或灰白色，玻璃光泽，粒度在 0.1～0.5 毫米不等。

黄山花岗岩体中钾长石矿物显微照片

### 3. 黑云母

黑云母肉眼下为鳞片状，呈棕褐色、黑绿色或黑色，有着像珍珠一样的光泽，硬度较小，易撕成薄片，具弹性。

黄山岩体中黑云母野外和显微照片

除了上述主要矿物外，黄山花岗岩中也含有少量其他矿物，如锆石。这些含量低的矿物颗粒很小，通常在显微镜下进行观察。光学显微镜下，黄山花岗岩中的锆石无色透明，具有较好的晶体形态，颗粒大小为 100～200 微米，且多数呈长柱状，长宽比多为 2∶1。显微图像显示出锆石颗粒的内部具有明显的环带结构，就像树木年轮一样，这是岩石的"年轮"，这些"年轮"可以告诉我们岩石是在什么时间、如何形成的。

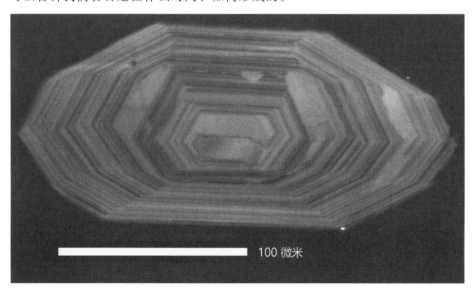

黄山花岗岩中锆石的显微图片

# 第四节 化石

化石是打开地球历史的钥匙，在建立地质年代表、重建古环境方面，化石功不可没。历史能够给予我们启示，因此，化石是我们预测未来的重要手段。人类也是远古时期生物的后代，从这个角度来说，藏在岩层中的化石也是我们的祖先，我们应该对其报以温情与敬意。

## 一、化石往事

在漫长的地质年代里，地球上曾经生活过无数的古生物（生活在一万年以前的生物），这些生物死亡后的遗体或是生活时遗留下来的痕迹，许多都被当时的泥沙掩埋起来。在随后的岁月中，这些生物遗体中的有机物质分解殆尽，坚硬的部分如外壳、骨骼、

**化石** 化石是指保存在岩层中地质历史时期生物的遗体、生命活动的遗迹以及生物成因的残留有机物分子。远古时期的生物遗体及遗迹在被沉积物掩埋后，经历了漫长的地质年代，随着沉积物成岩作用，埋藏在沉积物内的生物体在成岩作用时经过物理化学作用的改造，即石化作用而形成化石。但是，不是所有地史时期的生物都能形成化石，能否形成化石并保存下来取决于多方面的条件，如生物本身最好具有硬体、埋藏后经历足够长的时间等。

枝叶等与包围在周围的沉积物一起经过石化变成了石头，但是它们原来的形态、结构（甚至一些细微的内部构造）依然保留着；同样，那些生物生活时留下的痕迹也可以这样保留下来。我们把岩层中这些石化的古生物遗体和遗迹称为化石。很多古灵精怪的生物曾经是地球历史上的霸主，比如中生代的恐龙和菊石，但是后来都灭绝了。

从化石中可以看到古动物、古植物的样子，从而可以推断出古动物、古植物的生活情况和生活环境，可以推断出埋藏化石的地层形成的年代和经历的变化，可以看到生物从古到今的变化等等。比如，在喜马拉雅山，科学工作者在这一地区地层里，找到了许多古海洋动物和古海洋植物的化石，如三叶虫、有孔虫、鹦鹉螺、菊石、海百合等。这些海洋里的生物为什么会出现在高山地区呢？经过研究考察得知，在 3000 万年前，喜马拉雅山曾经是一片汪洋大海，由于印度洋板块北移后与欧亚板块相撞，古海洋受到挤压，产生

褶皱，最后隆起成山，把那些海洋生物深埋在岩层中，使它们变成化石。

岩石中的恐龙头骨化石

　　化石（fossil）一词源自拉丁文，有挖出、掘出之义。早在远古时期，希腊的希波利图斯曾引用色诺芬尼的论著，认为在距岸很远的山上发现的海生动物遗迹是当时动物陷入泥中后来凝固下来的。同时，在中国写于春秋之末或战国初期的《山海经》中就有关于龙骨的记载。在此后的一段时间里，把龙骨看成与蛇蜕相似的龙蜕，把骨化石与传说中的生物联系了起来。至公元11世纪，宋朝苏颂在《图经本草》中明确指出龙骨并不是龙蜕，而是龙遗体的骨、角、齿等硬的部分。这一时期对化石有较为准确认识的学者应以沈括为代表。《梦溪笔谈》卷21第17则记载道："近岁延州……土下得竹笋……悉化为石……延郡素无竹，此……不知其何代物。无乃旷古以前，地卑气湿而宜竹邪？婺州金华山……核桃、芦根、鱼、蟹之类，皆有成石者……"再如同卷第11则记载有："遵太行而北，山崖之间，往往衔螺蚌壳及石子如鸟卵者，横亘石壁如带。此乃昔之海滨，今东距海已近千里。"沈括的记载与化石密切相关，以现代古生物学观点分析，可以看出：其一，太行山崖间的螺蚌壳，显系古代地层中的腕足动物或软体动物化石。其二，浙江婺州金华属地即今之浙江省中偏西部地区，该地中生代地层中发现了多种植物和鱼、虾化石。其三，经中国古生物学家考释，文中提到的植物可能是一种已灭绝的节蕨类化石——新芦木。类似记载在这一时期的其他书籍中亦常见到，如颜真卿的《麻姑仙坛记》记有"高石中犹有螺蚌壳，或以为桑田所变"。

在欧洲，达·芬奇于1508年首先提出化石是曾经活着的动植物的遗体。与其同时代的一些科学家将"fossil"用于泛指石头、矿物、器物等各种采集品，当然，其中包括真正的化石。如德国的医生鲍尔着眼于研究这些化石为什么是石质的，以及注意它们有无药用价值。瑞士医生兼博物学家格斯纳虽将化石与现代生物对比，但基于当时生物学知识水平而受到一定限制。此外，

菊石

意大利医生、地质学家弗拉卡斯托罗和法国作家、制陶师帕利西都曾发现过双壳类、腹足类和鱼骨的化石。

丹麦地质学家和解剖学家斯泰诺基于他对诸多地质现象的详细观察，在1667年写出了有关"舌形石"（即鲨鱼牙齿化石）的文章。斯泰诺指出，化石是古代有机体的遗骸，细心研究化石有可能解释各种地质事件，并可用于地质年表的编写。自莱伊尔、达尔文之后，对于化石的认识逐渐深入而达到作为现代科学的古生物学的研究水平。

在中国，对于化石的再认识是在19世纪中叶以后，化石研究作为现代科学的一部分由西欧传入中国，或由西欧经日本再传入中国。

## 二、黄山代表性化石

化石主要保存在沉积岩中，而黄山周边地层保存较好，一些古生物化石得以很好地保存。黄山地区最具代表性的化石当数三叶虫和恐龙。

地质工作者在黄山及其周边地区开展工作时，曾在黄山脚下谭家桥等地寒武纪—奥陶纪地层中发现三叶虫化石。三叶虫是典型的海洋生物，这些三叶虫化石是黄山地区曾是一片汪洋大海的见证。

三叶虫，又称燕子石、蝙蝠石，属节肢动物门，三叶虫纲，生于海底。其种类繁多，大小不一，从一厘米至一米，生于寒武纪（5.4亿年），至奥陶纪（4.5亿年）最盛，消亡于二叠纪末期的生物大灭绝事件（2.5亿年前）。

黄山岩层中的三叶虫化石（红色虚线框内）

三叶虫属海生无脊椎动物，主要底栖生活，也有部分在泥沙中生活和漂浮生活，世界上已发现10000多种，我国已发现1000多种。因虫体背部由几丁质甲壳组成，易于保存为化石，又因背甲被两背沟纵为轴部，和左右对称两肋叶，故称三叶虫。自前至后可分为头、胸、尾三部分，该虫能终生阶段性脱壳，所以常见于头甲及尾甲分散保存为化石。

黄山地区另出土过新的恐龙种属化石，科学家以黄山二字冠名——黄山龙。黄山龙化石于2002年7月在高速公路施工时被发现，具体地点是距黄山市区3公里的歙县横关乡万灶自然村鸡母山。之后，科学家对化石发现地进行了抢救性发掘，采集到一批化石标本，随后的研究成果在国内外学术期刊发表，这只"黄山龙"得以重见天日。目前，黄山龙的化石保存于安徽省地质博物馆，该博物馆门口的母子龙即为科学家重建的"黄山龙"仿真模型。

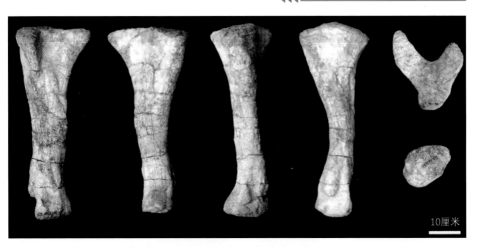

黄山龙骨骼化石（黄建东 等摄）

安徽省地质博物馆门口的母子"黄山龙"仿真模型（刘晨 摄）

111

　　上面提到生物活动的痕迹也可以形成化石。地质学家就曾在黄山境内的休宁县地层中发现恐龙脚印化石，这是典型的遗迹化石。该恐龙属肿头龙类，但具体种属未定，这些化石等待未来的地质学家进一步来研究定名！

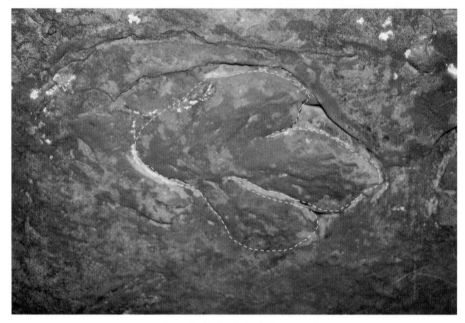

黄山休宁县恐龙脚印化石

# 黄山地质研学之旅

　　黄山是我国的名片和中华的象征，它雄踞风光秀丽的皖南山区，位居天目山、庐山、九华山、齐云山之中，是世界文化与自然双重遗产、世界地质公园和国家级风景名胜区。黄山是典型的花岗岩山岳风景区，区内群峰竞秀、怪石嶙峋、地貌特征明显、地质现象丰富，是开展地质教育、地质研学的理想场所。

## 一、黄山地学研学的目的

　　1. 开发同学们的好奇心，激发同学们探索大自然的欲望，培养他们热爱大自然的情怀，使他们能够享受大自然之美。

　　2. 让同学们在实践中获取地球科学知识，从时间和空间的角度理解大自然的演化，认识山地地貌，了解岩石和矿物的基本知识，认识常见的岩石种类——花岗岩。

　　3. 训练同学们独立生活的能力，培养他们的团队合作意识，学习更好地与人相处和交流。

　　4. 训练同学们独立思考、总结、展示的能力。

## 二、准备工作

### 1. 准备物品

| 物品 | GPS、指南针 | 相机 | 背包 | 雨具（不要使用雨伞） | 创可贴等常见药品 | 放大镜 | 景区地图 | 防晒霜、遮阳帽、头巾 | 笔记本 | 少量现金 |
|---|---|---|---|---|---|---|---|---|---|---|
| 用途 | 记录位置和方向 | 记录地质现象 | 存放食物、水 | 防雨 | 应急处理伤口 | 观察岩石和矿物成分、结构 | 设计路线 | 防晒 | 记录地质现象和感悟 | 备用 |

### 2. 注意事项

（1）出发前，早睡早起，保持精力充沛。

（2）在开展野外工作前，仔细搜集资料、阅读本研学材料，提前做好准备。

（3）野外工作必须穿着合适的服装和鞋子，不可以穿凉鞋、高跟鞋、短裤、裙子。野外工作和乘车途中，注意人身安全；在上山和下山途中，不要推搡和打闹，不得随意单独行动。

（4）爱护环境，在景区内观察时，采集标本需要征得管理者的同意，不要随意敲打，不要对景观造成损坏。

（5）研学期间，测量体温，佩戴口罩，自备75％酒精消毒液，做好个人卫生。

（6）服从领队和老师的安排，不得擅自行动；遇到突发或紧急情况，在保证安全的情况下，第一时间向老师和景区工作人员求助。

### 3. 设计黄山研学路线

根据黄山风景区的地图，以及小组人员规模和景区内的地形、道路，自行设计地质研学路线，研学时间以两天为宜（有条件可住在山上）。建议的路线为：慈光阁—玉屏楼—光明顶—西海饭店—北海宾馆—白鹅岭—云谷寺—黄山地质博物馆。上下山可选择步行或索道，依个人体力和时间是否允许决定上下山方式。

# 三、研学内容

黄山典型地貌

## 任务 1：寻觅奇峰

黄山风景区内，海拔高度超过千米的山峰数量有 88 座，顶部形态多样，有尖峰、穹峰、塔峰等，其中天都峰、莲花峰、光明顶并称黄山的三大主峰，在所有的黄山山峰中最为知名。

（1）山的基本组成要素是山顶（山的最高处）、山麓（山与平原的交界处）和山坡（山顶到山麓的倾斜面），在上山过程中，找出山的这三个组成要素。

（2）借助地图，找出至少三个山峰，拍照记录其形态，记录其方向和位置。

（3）在登山和游览过程中，选择具有代表性的位置，用 GPS 记录不同点位的海拔高度；与小组其他成员比一比，看哪位同学记录到的海拔高度最大。

海拔高度记录表（地点写观测点名称，如玉屏楼）

| 位置 | 地点 1 | 地点 2 | 地点 3 | 地点 4 | 地点 5 |
|---|---|---|---|---|---|
| 海拔高度 | | | | | |

黄山山峰是怎么形成的？

### 任务 2：探寻怪石

黄山怪石属于造型石，是一种微观观赏地貌，也是黄山五绝之一。在黄山峰林之中，怪石星罗棋布，巧中见怪，怪中见巧——人们常用"巧得怪、怪得奇、奇得美"来形容它们。康熙年间编撰的《黄山志》正式记载定名的怪石有 42 块，新版《黄山志》中选定的怪石有 121 块。黄山上具有代表性的怪石有飞来石、猴子观海、梦笔生花、仙人晒靴（鞋）、仙人背包、松鼠跳天都等。

黄山怪石代表——飞来石（左）、梦笔生花（中）、猴子观海（右）

游览过程中，重点观察飞来石、梦笔生花和猴子观海等怪石，并拍照记录。

怪石代表

| 怪名名称 | 简介 | 观察内容 |
|---|---|---|
| 飞来石 | 飞来石是黄山上的知名奇石，位于平天矼西端峰头，似远处飞来。 | 1. 从不同距离和角度观察飞来石的形态。<br>2. 估算飞来石的长、宽、高和体积。<br>3. 观察其与底部平台是否连在一起。 |
| 梦笔生花 | 梦笔生花为一棵松树长在险峻的山峰之上，典型的"石一松"组合景观。 | 1. 松树与岩石的结合形态。<br>2. 松树下岩石的裂隙发育情况。<br>3. 岩石表面的颜色和风化情况。 |
| 猴子观海 | 黄山北海景区的一处奇石，位于狮子峰清凉台上，一石猴静坐在峰顶。 | 1. 猴子观海的形态。<br>2. 石猴的观望方向。<br>3. 石猴与下部岩石的关系。 |

同时，寻找一块尚未命名的奇石（怪石），拍照记录其形态，并根据岩石形态特征为其命名，尝试赋予其美丽的故事或传说。

黄山怪石是如何形成的？

### 任务3：认识岩石和矿物

元素、矿物和岩石是地学研究涉及的三个主要尺度，其中矿物是由地质作用形成的，在正常情况下呈结晶质的元素或无机化合物。矿物的集合体称为岩石。根据成因，岩石可以划分为岩浆岩、沉积岩和变质岩三大类，其中每类岩石又可细分为次一级的类别。黄山上的岩石为岩浆岩中的花岗岩，花岗岩是最常见的岩石种类之一。黄山花岗岩由四期岩浆作用形成，每个期次所形成的花岗岩在结构上存在一定的差别。

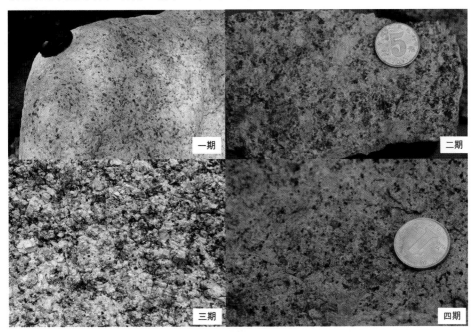

黄山四期花岗岩标本

花岗岩中有多种矿物，主要的矿物包括石英、钾长石、云母等，其中最容易识别的矿物是石英和钾长石。

黄山花岗岩中的石英（透明烟灰色）和钾长石（肉红色）

在攀登过程中，结合路旁的地质现象说明指示牌（对每一期花岗岩都有详细的说明），通过观察山体上的岩石和路旁的碎石，认一认黄山上的不同期次花岗岩，尝试找出其中的石英和钾长石两种矿物（可借助放大镜），观察不同期次岩石里面的矿物颗粒大小有没有变化，做好记录并拍照。

不同期次花岗岩记录表

| 花岗岩期次 | 一期花岗岩 | 二期花岗岩 | 三期花岗岩 | 四期花岗岩 |
| --- | --- | --- | --- | --- |
| 观察点位置 | | | | |
| 岩石特征（如颜色、矿物及其颗粒大小） | | | | |

注意：为更好地保护黄山的原始生态环境，在观察标本过程中，不得敲击山体上的岩石；未经管理者允许，不得擅自将岩石标本（即使是路边碎石）带离黄山，观察结束后放回原处。

黄山上都是花岗岩，为何不同时期的花岗岩中矿物颗粒大小不同？

**任务 4：参观黄山地质博物馆**

黄山地质博物馆靠近云谷寺索道，是了解黄山地质和地学知识的绝佳去处，参观游览时间约 30 分钟。在游览过程中，重点关注和了解以下内容：

（1）黄山地质博物馆的功能是什么？

（2）黄山地质博物馆由哪几部分构成？

（3）选择黄山地质博物馆中你比较感兴趣的矿物、岩石、化石或其他地质现象，进行描述和记录。

参观结束后，小组成员在黄山地质博物馆门口合影留念。

**如果学校需要建一个地质展览馆，你如何设计？**

## 四、研学成果汇报展示

研学之旅结束后，以小组为单位，总结整理研学照片、视频、笔记等相关资料，向家人、朋友或老师讲述黄山地质研学之旅，分享研学过程中学到的科学知识、奇趣见闻和感想等。可借助照片、视频、课件等展示工具，展示时间建议不少于 10 分钟。

# 后 记

　　书稿即将付梓之际，我们感慨良多。在我们心中，黄山不单单是一座山，她也是自然的化身。无论是一块散落山脚的花岗岩，还是一座高耸入云的山峰，都向世人展示着地球的过往。虽然黄山是中国诸多名山中的后起之秀，但这座奇山历经沧海桑田、岁月变迁，千百万年来用她自己的方式诠释着时光的轮回和大自然的惊艳与神奇，感染了无数人。

　　世界上的地质奇观不计其数，各有千秋，难分高下，我们不敢说黄山最美，但她别具一格、独树一帜。黄山以她独特的魅力每年吸引了数百万的人来此游览，她是我们人类共同的财富和宝藏，需要大家一起守护。

　　诚然，黄山的美绝非几本书可以说清楚的，她的美需要每一个人、每一双眼去发现、去探索、去挖掘。笔者期待大家走近黄山，踏一次花岗岩、望一回迎客松、瞥一眼黄山的挑夫，用眼睛和心灵去体验和感受这座奇山。

# 参考文献

[1] 李双应，谢建成，徐利强. 黄山－太平湖及其周边地区地质认识实习教程［M］. 北京：科学出版社，2015.

[2] 孙立广. 地球环境科学导论［M］. 合肥：中国科学技术大学出版社，2009.

[3] 舒良树. 普通地质学［M］. 北京：地质出版社，2010.

[4] 王运生，孙书勤，李永昭. 地貌学及第四纪地质学简明教程［M］. 成都：四川大学出版社，2008.

[5] 路风香，桑隆康. 岩石学［M］. 北京：地质出版社，2001.

[6] Cohen K M，Finney S M，Gibbard P L，Fan J X. The ICS International Chronostratigraphic Chart.［J］. *Epidoses*，2013，36：199－204.

[7] 崔之久，陈艺鑫，杨晓燕. 黄山花岗岩地貌特征、分布与演化模式［J］. 科学通报，2009，54（21）：3364－3373.

[8] 黄培华，Diffenal R F，杨明钦，Helland P E. 黄山山地演化与环境变迁［J］. 地理科学，1998，18（5）：401－408.

[9] 周慕林，潘建英. 安徽黄山第四纪冰川遗迹［J］. 中国地质科学院地质力学研究所所刊，1982（2）：151－158.

[10] 宁远明. 对黄山第四纪冰川擦痕的质疑［J］. 合肥工业大学学报，1984（1）：120－125.

[11] 刘秉升. 黄山志［M］. 合肥：黄山书社，1988.

[12] 曾昭漩，黄少敏，谭德隆. 黄山地貌——旅游地貌的试作［J］. 热带地貌，1983，4（1）：19－21.

[13] 程景林. 黄山怪石观赏艺术［J］. 黄山学院学报，2000（1）：44－48.

［14］李伟. 黄山风景区及周边地区地质灾害特征分析及危险性评估［D］. 合肥工业大学，2009.

［15］於克满，程宏生. 黄山雷电的特点，危害及防治［J］. 减灾与发展，2000（2）：27－28.

［16］朱大奎，王颖，陈方. 环境地质学［M］. 北京：高等教育出版社，2000.

［17］张蓓莉. 系统宝石学［M］. 北京：地质出版社，2006.

［18］童金南，殷鸿福. 古生物学［M］. 北京：高等教育出版社，2007.

［19］黄建东，尤海鲁，杨精涛，等. 安徽黄山中侏罗世蜥脚类恐龙一新属种［J］. 古脊椎动物学报，2014，52（4）：390－400.

［20］钱易，唐孝炎. 环境保护与可持续发展［M］. 北京：高等教育出版社，2000.